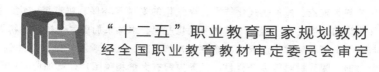

“十二五”职业教育国家规划教材

经全国职业教育教材审定委员会审定

中等职业教育化学工艺专业系列教材

煤气化工艺及设备

崔世玉　主　编

孙卫民　副主编

赵新法　主　审

化学工业出版社

·北京·

本书是根据教育部近期制定的《中等职业学校化学工艺专业教学标准》，由全国石油和化工职业教育教学指导委员会组织编写的全国中等职业学校规划教材。

本书以煤气化生产技术为立足点，以煤气化生产岗位工作任务所需理论与实践能力培养为主线进行编写，内容包括煤气化的基本理论、典型煤气化技术、煤气化的安全与环保、典型煤气化装置的开停车四大部分。全书分为煤气化认知、煤气化过程、碎煤加压气化过程、水煤浆加压气化过程、粉煤加压气化过程、煤气化过程的安全与环保、煤炭气化生产操作（案例）7 个项目，24 个学习任务。任务分为想想看、知识窗、知识拓展、能力实训、阅读材料等多个栏目，任务内配有大量相关图片，增加内容的趣味性、实用性。在编写过程中注重生产原理与生产实际的结合，并融合了煤气化中的安全环保和节能降耗的内容，力求达到更贴近生产，更符合中职培养目标。

本书适合作为中等职业学校化学工艺类专业教材，也可作为其他相关专业的教学用书或参考书，同时对广大煤化工工作者也会起到一定的参考作用。

图书在版编目（CIP）数据

煤气化工艺及设备/崔世玉主编 . —北京：化学工业出版社，2015.8（2022.7 重印）
"十二五"职业教育国家规划教材
ISBN 978-7-122-24593-9

Ⅰ.①煤… Ⅱ.①崔… Ⅲ.①煤气化-生产工艺-中等专业学校-教材②煤气化-化工设备-中等专业学校-教材 Ⅳ.①TQ546②TQ545

中国版本图书馆 CIP 数据核字（2015）第 154914 号

责任编辑：旷英姿 文字编辑：陈 雨
责任校对：宋 玮 装帧设计：王晓宇

出版发行：化学工业出版社（北京市东城区青年湖南街 13 号 邮政编码 100011）
印 装：涿州市般润文化传播有限公司
787mm×1092mm 1/16 印张 12¼ 字数 299 千字 2022 年 7 月北京第 1 版第 3 次印刷

购书咨询：010-64518888 售后服务：010-64518899
网 址：http://www.cip.com.cn
凡购买本书，如有缺损质量问题，本社销售中心负责调换。

定 价：38.00 元

　　本书是根据教育部近期制定的《中等职业学校化学工艺专业教学标准》，由全国石油和化工职业教育教学指导委员会组织编写的全国中等职业学校规划教材。

　　本书以煤气化生产技术为立足点，以煤气化生产岗位工作任务所需理论与实践能力培养为主线，采用任务驱动的形式进行编写，本课程所选用的工作学习任务，全部来自于生产岗位，把操作参数记录、操作工作记录、操作规程等融入学习任务中，每个任务内配有大量相关图片，增加内容的趣味性，实用性，在编写过程中注重工作原理与生产实际的结合，并融合了煤气化中的安全环保和节能降耗的内容，力求达到更贴近生产，更符合中职培养目标。

　　全书分为煤气化认知、煤气化过程、碎煤加压气化过程、水煤浆加压气化过程、粉煤加压气化过程、煤气化过程的安全与环保、煤炭气化生产操作（案例）7个项目，24个学习任务。

　　本书由山东化工技师学院崔世玉担任主编并编写项目一、项目四，云南化工高级技校孙卫民担任副主编并编写项目五，河南化工技师学院安华编写项目三，安徽化工学校杨春林编写项目二、项目六，山东化工技师学院朱景洋编写项目七，山东化工技师学院李芬芬、朱景洋分别参与编写项目六、项目七的部分内容；水煤浆气化及煤化工国家工程研究中心潘荣工程师、鲁南化工有限公司马兆芳工程师参与了项目三～七的部分编写工作。全书由陕西能源职业技术学院赵新法教授主审。

　　在本书编写过程中，得到了中国化工教育协会、化学工业出版社、全国石油和化工职业教育教学指导委员会的大力支持和帮助，在此表示诚挚的谢意。

　　由于编者水平有限，书中不足之处恳请各位专家及读者批评指正。

编　者

2015 年 7 月

煤气化认知

学习目标

1. 能运用网络、教材、参考书等渠道，查找煤气化的相关知识，了解煤气化的生产过程。
2. 了解煤气化的发展前景和综合利用。
3. 了解煤气化的主要气化工艺。

你认识图 1-1～图 1-3 中的气化装置吗？它们在煤化工中的地位如何？

固定床气化　　流化床气化　　气流床气化

图 1-1　三种气化装置现场图

图 1-2　壳牌气化装置夜景

图1-3　水煤浆气化装置

通过网络、参考书籍、国家发展纲要等了解我国的煤化工发展方向。

一、我国的能源现状

　　在世界所需要的基本能源中，接近30％由煤炭提供。世界所需要的电量之中，近40％是用煤炭生产的。在目前已探明储量的能源之中，煤炭是蕴藏量最丰富、分布最广泛的燃料，而且煤炭的价格相对石油与天然气也是最低的。中国是"缺油少气"的国家，但是煤炭储量却占有世界煤资源总量的1/3。按照同等热值计算，中国已探明的石油储量还能够使用不到20年，天然气约为30年，而煤炭则至少为200年。天然气比替代能源如石油和煤炭更为洁净，但是目前只能满足不到3％的能源需求，主要还是依赖煤炭与石油，煤炭满足了中国超过 60％的能源需求。

我国化学工业以煤化工起家，而石油化工起步晚。虽然采取了大力发展石油化工的方针，但由于资金和原料的限制，仍难改变以煤炭为主的局面。目前化学工业面临的形势是石油化工产品远不能满足社会需求，而煤化工企业现代化改造又跟不上形势发展。因此化学工业必然只能是油、气、煤并举的多元化原料路线，在大力发展石油化工的同时，有计划地逐步发展现代煤化工，特别是发展高效率、低能耗的煤气化技术。

二、现代煤化工

现代煤化工是指采用现代先进技术，充分发掘和利用煤的内在固有特性中的优势，对煤进行深加工和综合利用，着重解决煤炭转化过程中低效率、高污染和高能耗三大方面的问题。

现代煤化工与传统煤化工的主要区别是：采用洁净煤技术，先进的煤转化技术，节能、降耗、节水、治污的新技术以及发展有竞争力的产品领域等。现代煤化工必须建立在洁净煤技术基础上，认真贯彻节能提效优先的方针，大力采用节能、高效、低污的煤转化新技术。

现代煤化工应建立在洁净煤技术基础上，尤其是气化工艺应采用洁净煤技术，即所谓第二代煤气化技术。第二代煤气化技术与第一代的主要区别是在环保、煤种适应性和煤利用效率方面。这类技术当今的代表是 Shell（壳牌）煤气化工艺和 Texaco（德士古）水煤浆气化工艺等。

三、煤气化的应用

煤气化是一种最洁净的煤炭利用技术，能够避免煤直接燃烧的污染，减少二氧化碳的排放，同时煤的能源利用效率高。原料煤所含的能量之中，约 80％～83％以合成气形式回收，另外 14％～16％以蒸气形式回收，96％以上的煤能源都能够被利用。因此，构建基于煤气化的现代煤基能源化工体系，实现以低能耗、低污染、低排放为基础的高碳能源低碳化利用，应当成为我国能源领域的战略选择。

煤气化技术是发展煤基化学品、煤基液体燃料、IGCC 发电、多联产系统、制氢和燃料电池等工业的基础，是这些行业的关键技术和龙头技术，其应用如图 1-4～图 1-7 所示。

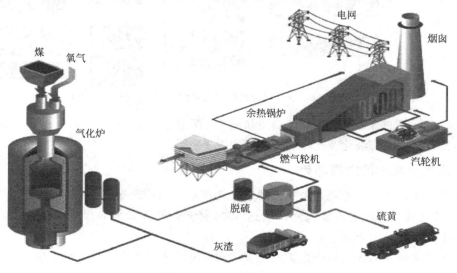

图 1-4　IGCC 发电示意图

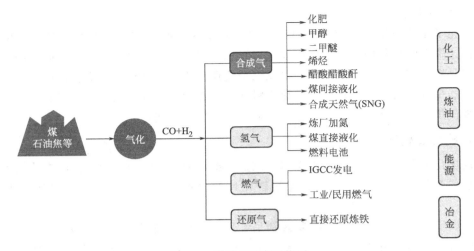

图 1-5 煤基多联产系统图

煤气化进行甲醇的合成及其深加工利用如图 1-6 所示。

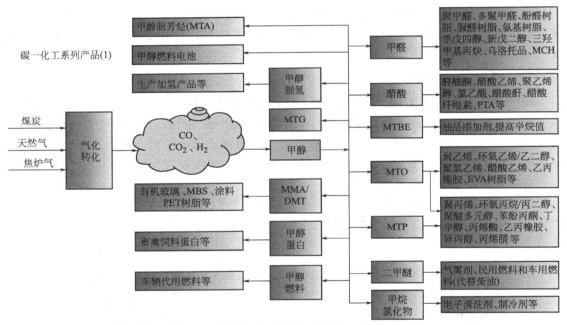

图 1-6 煤气化合成甲醇及其深加工产品图

煤气化进行氨的合成及其深加工利用如图 1-7 所示。

煤间接或直接进行液化及其深加工利用如图 1-8 所示。

四、煤气化技术的发展趋势

根据我国相关产业的发展，需要大型煤气化技术，预计未来到 2020 年内新增气化用煤 2.2 亿～3.6 亿吨，形成的产业每年产值达 4000 亿元，产业发展对煤气化技术需求十分旺盛，如图 1-9 和图 1-10 所示。

我国煤气化技术的发展趋势是扩大对煤种和粒度的适应范围、扩大单炉生产能力、提高煤气化的操作压力、达到环保要求。水煤浆加压气化、Shell 煤气化技术正是顺应这一趋势

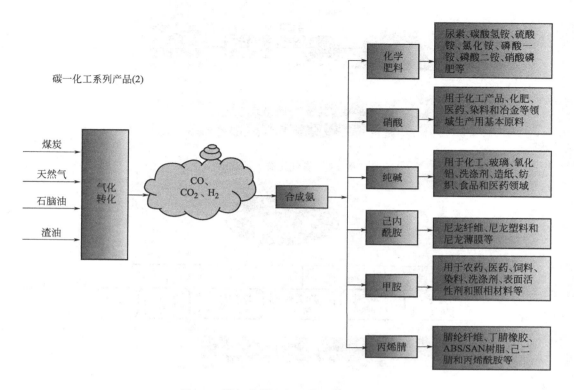

图 1-7 煤气化合成氨及其深加工利用图

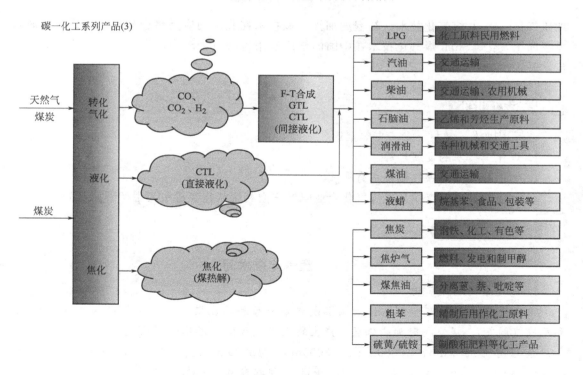

图 1-8 煤间接或直接进行液化及其深加工利用图

开发出来的新技术，随着水煤浆加压气化、Shell 煤气化装置的投入运行以及我们对水煤浆

图 1-9　煤气化需求示意图

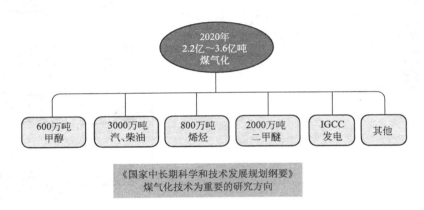

图 1-10　煤气化需求预测图

加压气化、Shell 煤气化技术认知程度加深，该技术在我国的应用将会越来越广泛。同时水煤浆加压气化、Shell 煤气化技术在中国的推广应用也必将带动中国煤气化技术研究的进一步发展。

请运用网络、教材、参考书等渠道，查阅：

1. 煤化工技术的发展趋势。

2. 国内现有主要煤气化技术有哪些？

3. 你能通过网络查找几家煤气化企业吗？它们利用气化装置主要生产哪些产品？

煤气化技术简介

1. 固定层间歇煤气化

该方法用粒度为 25～75mm 无烟煤或焦炭为原料，在煤气炉中交替送入空气（吹风）和蒸汽（制气）。送空气时加热床层，产生的吹风气放空。通蒸汽时生成的煤气送气柜。煤气炉系列有 $\phi2470mm$、$\phi2600mm$、$\phi3000mm$、$\phi3200mm$、$\phi3600mm$，每台炉产气量为 $6000～13000m^3/(h \cdot 台)$，煤气中（$CO+H_2$）体积分数为 $68\%～72\%$。

常压固定层间歇气化工艺，虽然技术成熟可靠、设备可全部国产化、投资较省，但能耗高、对煤质要求高，需用无烟块煤，资源利用率低。由于是常压操作，生产强度小，"三废"

排放量大，对环境有一定污染。

2. 鲁奇加压煤气化

该方法用粒度为 8～50mm，活性好不黏结的烟煤或褐煤为原料，在固定床中用氧与蒸汽连续气化生产煤气。气化压力 3.0MPa，气化温度在 900～1050℃，采用固态排渣方式运行。1 台 ϕ3800mm 炉产气量 35000～55000m^3/h，煤气中（$CO+H_2$）体积分数为 65%，CH_4 为 9%，并含 C_2 和焦油等。我国山西化肥厂（山西潞城）1000t/d 的合成氨装置，于1979 年从鲁奇公司引进此项工艺技术。

由于煤气中含有较多甲烷，只适宜作为城市煤气或生产合成气时联产城市煤气。若把其中甲烷再转化成合成气，将使生产流程复杂。煤气化排水中含有较多焦油、酚类、氨等物质，需要配置庞大的污水处理装置，才能达到环保排放要求。

3. 德士古水煤浆气化

德士古公司很早就开发了以天然气和重油为原料生产合成气的技术，20 世纪 70 年代的石油危机促进了寻找替代能源和洁净的煤气化技术的发展。经多年研究以后，该公司推出了水煤浆气化工艺，即以湿法加煤、液态排渣，在气流床中进行的加压煤气化工艺。水煤浆与纯氧在高温高压下反应生成煤气。

4. Shell 干煤粉气化

Shell 公司开发的 SCGP 工艺，是当前先进的第 2 代煤气化工艺。该技术早在 1972 年就开始基础研究，1978 年中试装置运行，1987 年投煤量为 250～400t/d 示范装置投产。在取得大量数据的基础上，日处理煤量为 2000t 的单系列大型气化装置，于 1993 年在荷兰开始建设，1996 年建成，煤气化装置所产煤气用于联合循环发电。该装置经过 3 年示范运行已于 1998 年正式交付用户使用。生产操作表明，煤气化工艺指标达到预期目标，目前装置运行非常稳定。

煤气化过程

1. 能查找相关资料，了解煤气化的过程、主要反应以及化学平衡。
2. 会描述煤的性质对气化的影响，了解煤气化过程的主要评价指标。
3. 会描述移动床、流化床以及气化床气化工艺。
4. 能与他人合作，进行有效沟通交流。
5. 能主动获取有效信息，展示工作成果，对学习与工作进行总结和反思。
6. 能运用网络、教材、参考书等渠道，查找煤气化的知识。

任务1
熟知煤气化原理

煤气化指煤与气化剂进行多相反应产生碳的氧化物、H_2、CH_4 的过程。主要是碳原子（C）与气相中的 O_2、水蒸气、CO_2、H_2 之间相互作用。

也可以说，煤气化过程是将煤中无用固体脱除，转化成可作为工业燃料、城市燃气和化工原料气的过程。

你知道煤的分子结构吗（图 2-1）。图 2-2 简要说明了煤的用途，你能再举例说明吗？

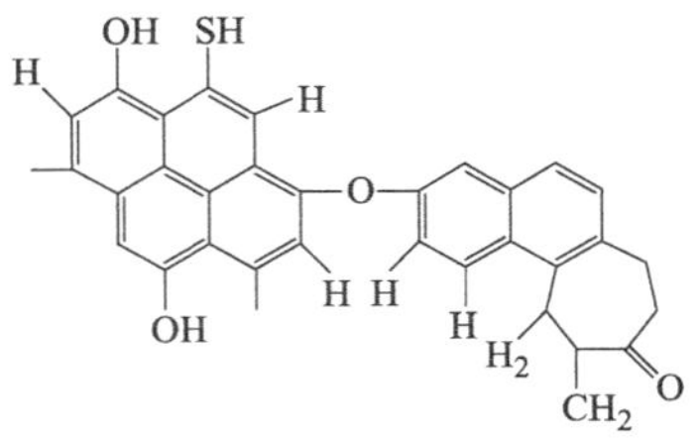

图 2-1　煤的分子结构示意图

煤气化在煤化工中占有重要地位，用于生产各种燃料，是干净的能源，利于提高人民生活水平和环境保护，煤气化生产的合成气是合成液体燃料的多种产品的原料。

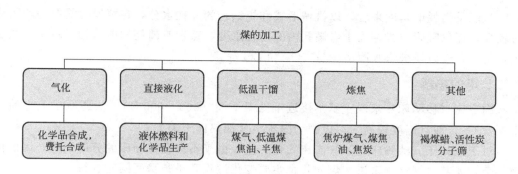

图 2-2　煤的加工方式简图

分任务 1　描述煤气化的过程

　　煤炭气化是指煤在特定的设备内，在一定温度及压力下使煤中有机质与气化剂（如蒸汽/空气或氧气等）发生一系列化学反应，将固体煤转化为含有 CO、H_2、CH_4 等可燃气体和 CO_2、N_2 等非可燃气体的过程。煤炭气化时，必须具备三个条件，即气化炉、气化剂、供给热量，三者缺一不可。

　　气化过程发生的反应包括煤的热解、气化和燃烧反应。煤的热解是指煤从固相变为气、固、液三相产物的过程。煤的气化和燃烧反应则包括两种反应类型，即非均相气固反应和均相的气相反应，煤气化过程如图 2-3 所示。

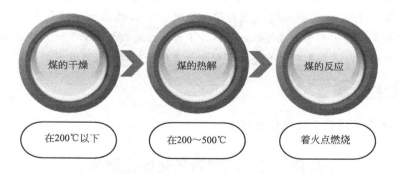

图 2-3　煤气化过程示意图

一、煤的干燥

　　煤的干燥是水分从微孔中蒸发的过程。一般增加气体流速、提高气体温度都可以增加干燥速率。煤中水分含量低、干燥温度高、气流速度大，则干燥时间短；反之，煤的干燥时间就长。从能量消耗的角度来看，以机械形式和煤结合的外在水分，在蒸发时需要消耗的能量相对较少；而以吸附方式存在于煤微孔内的内在水分，蒸发时消耗的能量相对较多。被干燥的主要是水蒸气以及被煤吸附的少量 CO_2 和 CO 等。

二、煤的热解

就固定床（移动床）来说，基本接近于低温干馏（500～600℃）。从还原层上来的气体基本不含 O_2，而且温度较高，可以视为隔绝空气加热即干馏。

而对于流化床（沸腾床）和气流床气化工艺，由于不存在移动床的分层问题，因而情况稍微复杂，尤其对气流床来讲，煤的几个主要变化过程几乎是瞬间同时进行。

煤的加热分解不仅与煤的品位有关系，还与煤的颗粒粒径、加热速率、分解温度、压力和周围气体介质有关系。

三、煤的反应

煤气化过程的主要反应：燃烧和还原反应（包括碳和 CO_2 的反应，以及水蒸气和碳之间的反应是制气的主要反应）。煤的燃烧反应，通过燃烧一部分来维持气化工艺过程中的热量平衡。不论采用哪一种具体的气化工艺，产生的热量基本上都消耗在如下几个方面。

（1）灰渣带出的热量；

（2）水蒸气和炭反应需要的热量；

（3）煤气带走的热量；

（4）传给水夹套和周围环境的热量。

 知识拓展

通过查阅资料、网络了解气化与燃烧的区别，了解气化与干馏的区别。

 阅读材料

气化与干馏的区别

煤的干馏是指将煤隔绝空气加强热使之分解的过程，工业上也叫煤的焦化，属化学变化。从煤干馏物中可获得重要的化工原料固体焦炭、液体焦油和少量煤气。

煤的气化是将其转化为可燃性气体的过程，主要反应是碳与水蒸气反应生成水煤气等。从转化的角度看，干馏是将煤本身不到10%的碳转化为可燃性气体，而气化可将碳完全转化。

 知识拓展

简述煤炭气化应用的主要领域有哪些？

分任务 2　熟知煤气化的主要反应

想想看

煤气化的过程中主要发生哪些反应？

煤气化生产合成气是煤化工的核心。燃烧和还原反应是密切相关的，是气化过程的基本反应。煤气化就是以煤为原料，以 O_2（空气、富氧或纯氧）、水蒸气或 H_2 等做气化剂，在高温条件下通过化学反应将煤中的可燃部分转化为气体燃料的过程。

气化条件为气化炉、气化剂、供给能量（三者缺一不可），O_2、水蒸气、H_2 根据产热方式和煤气用途选择性供入。

气化产品是气化煤气，主要有 CO、H_2、CH_4。

一、基本化学反应

气化炉中的气化反应过程非常复杂，主要发生煤中的碳与气化剂中的 O_2、水蒸气和 H_2 的反应，也包括碳与反应产物以及反应产物之间进行的反应。

气化反应按反应物的相态不同分为两种类型，即非均相反应和均相反应。前者是气化剂或气态反应产物与固体煤反应，后者是气态反应产物之间相互反应或与气化剂的反应。

煤气化总反应式

$$C_n H_m + (n/2)O_2 \longrightarrow nCO + (m/2)H_2 \text{（其中 } C_n H_m \text{ 表示煤的简化分子式）} \qquad (2\text{-}1)$$

1. 碳和氧间的反应

以空气为气化剂时碳与 O_2 之间的化学反应：

$$C + O_2 \longrightarrow CO_2 + Q \qquad\qquad (2\text{-}2)$$

$$2C + O_2 \longrightarrow 2CO + Q \qquad\qquad (2\text{-}3)$$

$$2H_2 + O_2 \longrightarrow 2H_2O(g) + Q \qquad\qquad (2\text{-}4)$$

$$C + CO_2 \longrightarrow 2CO - Q \qquad\qquad (2\text{-}5)$$

其中 C 与 CO_2 的反应式(2-5) 称为 CO_2 还原反应，是较强的吸热反应，需在高温条件下才能进行反应。

2. 碳与水蒸气的反应

在一定温度下碳与水蒸气之间发生的反应：

$$C + H_2O(g) \longrightarrow CO + H_2 - Q \qquad\qquad (2\text{-}6)$$

$$C + 2H_2O(g) \longrightarrow CO_2 + 2H_2 - Q \qquad\qquad (2\text{-}7)$$

因此，供热的反应式(2-2)、式(2-3)与吸热的反应式(2-5)、式(2-6)组合在一起，对自热式气化过程起重要的作用。

以上是制造水煤气的主要反应，均为吸热反应。反应生成的 CO 可进一步和水蒸气发生如下反应：

$$CO + H_2O(g) \longrightarrow CO_2 + H_2 + Q \qquad\qquad (2\text{-}8)$$

上述反应称为 CO 变换反应，也称为均相水煤气反应或水煤气平衡反应，该反应为放热反应。在有关工艺过程中，为把 CO 全部或部分转变为 H_2，就在气化炉外利用这个反应来调节原料气中的氢碳比。现代大型合成氨厂和煤气厂制氢装置均设有变换工序，普遍采用宽温耐硫催化剂（钴钼催化剂），使用专有技术名词"变换反应"。

3. 甲烷（CH_4）的生成

煤气中的 CH_4，一部分来自煤中挥发物的热分解，另一部分则是气化炉内的 C 与 H_2 反应以及气体产物之间反应的结果。

$$C + 2H_2 \longrightarrow CH_4 + Q \qquad\qquad (2\text{-}9)$$

$$CO+3H_2 \longrightarrow CH_4+H_2O(g)+Q \tag{2-10}$$

$$2CO+2H_2 \longrightarrow CH_4+CO_2+Q \tag{2-11}$$

$$CO_2+4H_2 \longrightarrow CH_4+2H_2O(g)+Q \tag{2-12}$$

上述生成 CH_4 的反应均为放热反应。

二、煤中少量元素的反应

煤中的少量元素氮和硫在气化过程中产生了含氮和含硫的产物，主要硫化物是 H_2S、COS、CS_2 等；主要含氮化合物是 NH_3、HCN、NO 等。

煤气化时发生的硫（S）基本反应：

$$S+O_2 \longrightarrow SO_2 \tag{2-13}$$

$$SO_2+3H_2 \longrightarrow H_2S+2H_2O(g) \tag{2-14}$$

$$SO_2+2CO \longrightarrow S+2CO_2 \tag{2-15}$$

$$2H_2S+SO_2 \longrightarrow 3S+2H_2O \tag{2-16}$$

$$C+2S \longrightarrow CS_2 \tag{2-17}$$

$$CO+S \longrightarrow COS \tag{2-18}$$

煤气化时发生的氮（N）基本反应：

$$N_2+3H_2 \longrightarrow 2NH_3 \tag{2-19}$$

$$N_2+H_2O(g)+2CO \longrightarrow 2HCN+1.5O_2 \tag{2-20}$$

$$N_2+xO_2 \longrightarrow 2NO_x \tag{2-21}$$

由此产生了煤气中的含硫和含氮产物，这些产物会腐蚀设备和管道，排放到大气中还会污染环境，所以在气体净化时必须除去。这些硫化物主要以 H_2S、COS、CS_2 的形式存在。在含氮化合物中，NH_3 是主要产物，NO_x（主要是 NO 以及微量的 NO_2）和 HCN 为次要产物。

不同气化过程是由上述部分反应以串联或并联的方式组合而成。反应方程式指出了反应的初始状态，能用来进行物料衡算和热量衡算，也能用来计算由这些反应方程式所表示的平衡常数，但不能说明反应本身的机理。

三、自热式煤的水蒸气气化

气化剂：空气或 O_2、水蒸气。

主要反应：

$$C+O_2 \longrightarrow CO_2+Q \tag{2-2}$$

煤气主要可燃成分：CO、H_2。

特点：无外界供热（煤与水蒸气反应进行吸热反应所耗热量是由煤与 O_2 进行的放热反应所提供的），所需工业氧价格较贵，煤气中 CO_2 含量高，如图 2-4 所示。

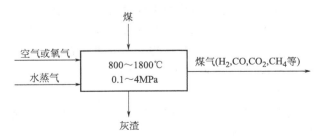

图 2-4　自热式煤的水蒸气气化

四、外热式煤的水蒸气气化

气化剂：水蒸气。

主要反应：
$$C+H_2O(g) \longrightarrow CO+H_2-Q \tag{2-6}$$

煤气主要可燃成分：CO、H_2。

气化特点：气化炉外部供热（煤仅与水蒸气反应），气化炉传热差，不经济。外热式煤的水蒸气过程如图 2-5 所示。

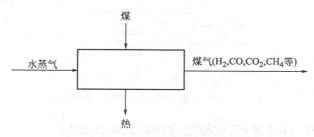

图 2-5　外热式煤的水蒸气气化

五、煤的加氢气化

气化剂：H_2。

主要反应：
$$C+2H_2 \longrightarrow CH_4+Q \tag{2-9}$$

煤气主要可燃成分：CH_4。

特点：煤气主要由 CH_4 组成（代用天然气），产生残焦，煤与 H_2 加压生成 CH_4 的反应性比煤与水蒸气的反应性小，煤的加氢气化过程如图 2-6 所示。

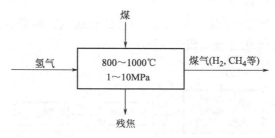

图 2-6　煤的加氢气化

六、煤的水蒸气气化和加氢气化相结合制造代用天然气

气化剂：O_2、水蒸气。

主要反应：

（1）加氢阶段
$$C+2H_2 \longrightarrow CH_4+Q \tag{2-9}$$

（2）水蒸气气化阶段
$$C+O_2 \longrightarrow CO_2+Q \tag{2-2}$$
$$2C+O_2 \longrightarrow 2CO+Q \tag{2-3}$$
$$C+H_2O(g) \longrightarrow CO+H_2-Q \tag{2-6}$$

煤气主要可燃成分：CH_4。

特点：进行加氢气化，产生残焦再与水蒸气反应，产生加氢阶段用 H_2。煤的水蒸气气化和加氢气化相结合的气化过程如图 2-7 所示。

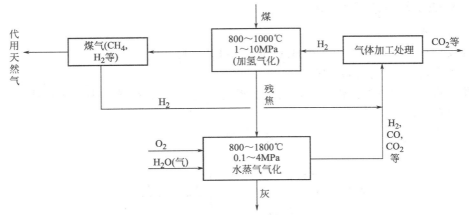

图 2-7 煤的水蒸气气化和加氢气化相结合

七、煤的水蒸气气化和甲烷化相结合制造代用天然气

气化剂：O_2、水蒸气。

主要反应：

（1）水蒸气气化阶段

$$C+O_2 \longrightarrow CO_2+Q \tag{2-2}$$

$$2C+O_2 \longrightarrow 2CO+Q \tag{2-3}$$

$$C+H_2O(g) \longrightarrow CO+H_2-Q \tag{2-6}$$

（2）甲烷化反应
$$CO+3H_2 \longrightarrow CH_4+H_2O(g)+Q$$

煤气主要可燃成分：CH_4。

特点：首先由气化反应产生以 CO 和 H_2 为主的合成气，然后合成气在催化剂的作用下"甲烷化"生成 CH_4。其气化过程如图 2-8 所示。

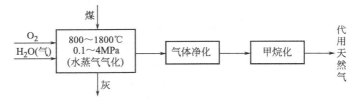

图 2-8 煤的水蒸气气化和甲烷化相结合制造代用天然气

结合教材内容指出：煤气化过程中主要放热反应、主要吸热反应有哪些？

分任务 3　熟知煤炭气化的化学平衡

煤气化反应属于哪类反应类型，存在哪些化学平衡？

一、气固相反应概述

在气化炉内，物质以两种相态存在，一是气相即空气、O_2、水蒸气和气化时形成的煤气，另外是固相即燃料和燃料气化后形成的固体如灰渣等。

工业上把这种反应称气固相反应，包括均相反应与非均相反应。

均相反应指气相中的反应，如 CO 与水蒸气的反应等。

非均相反应指气固相的反应，如碳的燃烧反应、水蒸气与炽热的碳之间的反应等。

气固相反应的反应步骤如图 2-9 所示。

（1）气化剂向燃料颗粒表面的外扩散过程；

（2）气化剂被燃料颗粒的表面吸附；

（3）吸附的气化剂和燃料颗粒表面上的碳进行表面化学反应；

（4）生成的产物分子从颗粒表面脱附下来；

（5）产物分子从颗粒的表面通过气膜扩散到气流主体。

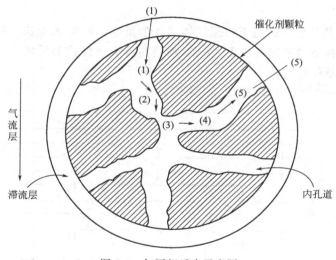

图 2-9　气固相反应示意图

二、煤气化的化学平衡

1. 气化平衡状态

严格地讲许多气化反应都不是不可逆反应，而是可逆反应。在这些可逆反应中，反应不可能全部达到完全平衡。

在工业气化操作条件下，除水煤气变换反应外，其他的气化反应很难达到平衡状态，有的甚至离平衡状态还相当远。

研究其平衡状态，可掌握反应进行的方向和限度，并且通过对反应条件的控制，使反应朝着需要的方向进行，并从理论上预示产物所能达到的最大限度和反应物所必需的消耗量。

2. 一般化学平衡关系

在一定温度下，当一个可逆反应达到平衡时，生成物浓度幂之积与反应物浓度幂之积的比值是一个常数。这个常数就是该反应的化学平衡常数（简称平衡常数 K）。

平衡常数 K 是描述化学反应处于平衡状态时的一个特性数据。K 的数值越大，表示体系达到平衡之后，反应完成的程度越大。

对于可逆反应 $m\text{A}+n\text{B} \Longleftrightarrow p\text{C}+q\text{D}$ 平衡常数的数学表达式为：

$$K_c = \frac{c^p(\text{C})c^q(\text{D})}{c^m(\text{A})c^n(\text{B})}$$

其中 c 为各组分的平衡浓度，温度一定 K 为定值。

在气体反应的场合，因为其浓度与其分压成比例，因此，可以用分压表示其平衡常数计算式：

$$a\text{A(g)}+b\text{B(g)} \Longleftrightarrow c\text{C(g)}+d\text{D(g)}$$

$$K_p = \frac{p^c(\text{C})p^d(\text{D})}{p^a(\text{A})p^b(\text{B})}$$

3. 平衡常数 K 的意义

K 值越大表示反应进行的程度越大，反应物转化率也越大。K 只受温度影响，其他外界条件（如浓度、压强、催化剂等）变化对其无影响。

一般当 $K > 10^5$ 时，该反应进行得基本完全，$K < 10^{-5}$ 时则认为该反应很难进行（逆反应较完全）。

注意：K 的常数性质仅适用于理想气体的化学反应。K 的大小决定于反应的本性和温度，与总压以及各物质的平衡分压无关。K 的值与反应方程式的写法有关，某些情况下 K 值还与所用压强的单位有关。

以 $\text{C}+\text{CO}_2 \longrightarrow 2\text{CO}-173.3\text{kJ/mol}$ 为例表示反应平衡，如图 2-10 所示。

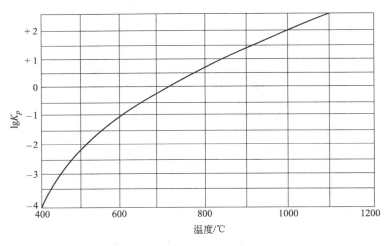

图 2-10　$\text{C}+\text{CO}_2 \longrightarrow 2\text{CO}$ 反应平衡常数曲线

4. 温度对化学平衡的影响

（1）对于气化反应式：

$$\text{C}+\text{CO}_2 \Longleftrightarrow 2\text{CO}-173.3\text{kJ/mol} \tag{2-5}$$

$$\text{C}+\text{H}_2\text{O(g)} \Longleftrightarrow \text{CO}+\text{H}_2-135.0\text{kJ/mol} \tag{2-6}$$

两反应过程均为吸热反应，在这两个反应进行过程中，升高温度，平衡向吸热方向移动，即升高温度对制气的主反应有利。

以表 2-1 为例：　　　　$\text{C}+\text{CO}_2 \Longleftrightarrow 2\text{CO}-173.3\text{kJ/mol} \tag{2-5}$

从表 2-1 与图 2-11 可以看到，随着温度变化，其还原产物 CO 的组成随着温度升高而增加；温度越高，CO 平衡浓度越高。当温度升高到 1000℃ 时，CO 的平衡组成为 99.1%。

表 2-1 C 和 CO₂ 反应的平衡表

温度/℃	450	650	700	750	800	850	900	950
CO₂/%	97.8	60.2	41.3	24.1	12.4	5.9	2.9	1.2
CO/%	2.2	39.8	58.7	75.9	87.6	94.1	97.1	98.8

（2）前面提到的可逆反应中，有很多是放热反应，温度过高对反应不利。

又例
$$CO+3H_2 \rightleftharpoons CH_4+H_2O(g)+219kJ/mol \quad (2-10)$$

在此反应中，如有 1%CO 转化为甲烷，则气体的绝热温升为 60℃ 到 70℃。在合成气中 CO 的组成约为 30% 左右。因此，反应过程中必须将反应热及时移走，使得反应在一定的温度范围内进行，以确保不发生由于温度过高而引起催化剂烧结的现象发生。

5. 压力对化学平衡的影响

（1）压力对于液相反应影响不大，而对于气相或气液相反应平衡的影响是比较显著的。

$$K_c = \frac{c^c(C)c^d(D)}{c^a(A)c^b(B)} = K_p \times \frac{1}{p^{\Delta n}}$$

升高压力平衡向气体体积减小的方向进行；反之，降低压力，平衡向气体体积增加方向进行。

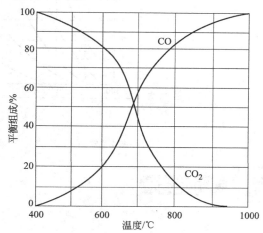

图 2-11 CO₂ 与 CO 反应平衡
组成与温度的关系

在煤炭气化的一次反应中，所有反应均为增大体积的反应，故增加压力，不利于反应进行。

（2）在下列反应中

$$C+CO_2 \rightleftharpoons 2CO -173.3kJ/mol \quad (2-5)$$

反应后气体体积或分子数增加，如增大压力，则使平衡向左移动，因此上述反应适宜在减压下进行。

在气化炉内 H₂ 的气氛中，CH₄ 产率随压力提高迅速增加，发生反应为：

$$C+2H_2 \rightleftharpoons CH_4+84.3kJ/mol \quad (2-9)$$

$$CO+3H_2 \rightleftharpoons CH_4+H_2O+219.3kJ/mol \quad (2-10)$$

$$2CO+2H_2 \rightleftharpoons CO_2+CH_4+247.3kJ/mol \quad (2-11)$$

$$CO_2+4H_2 \rightleftharpoons CH_4+2H_2O+162.8kJ/mol \quad (2-12)$$

上述反应均为缩小体积的反应，加压有利于 CH₄ 生成，而 CH₄ 生成反应为放热反应，其反应热可作为吸热反应热源，从而减少碳燃烧中氧的消耗。

（3）物料组成与气化压力的关系

无论从气化整体上来看，还是从某一个具体反应来解释，压力增大时，平衡总向体积减小的方向移动，如图 2-12 所示。

当反应式（2-5）进行时，在相同温度下，随着压力的提高，平衡混合物中 CO 迅速下降。即总压升高，不利于 CO₂ 还原为 CO 的反应。实际生产中以空气为气化剂时有 N₂ 和氩气的存在，降低了 CO 和 CO₂ 的分压，使平衡向生成 CO 的方向移动。

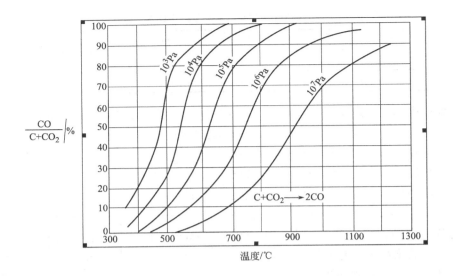

图 2-12　CO 与 CO_2 平衡混合物组成与压力的关系

 阅读材料

煤气的分类

煤气按气化剂的不同可分为：空气煤气、混合煤气、水煤气、半水煤气。

（1）空气煤气　以空气（实际是空气中的氧气）作为气化剂；空气煤气由于固体燃料仅与氧反应，气体中可燃成分主要为一氧化碳，故其热值低，在工业上使用极少，一般是高炉生产中的副产物。

（2）水煤气　以水蒸气作为气化剂；水煤气是由水蒸气和高温碳反应而获得的。由于反应为吸热反应，为维持炉温，必须间隙生产。所得煤气中 CO 和 H_2 均较高，煤气发热值较高，但热效率低，约为 54%，成本高设备复杂。一般作为合成氨原料气使用，作为工业燃料气使用的较少。有时，在制水煤气过程中加入少量空气，制得的煤气称为半水煤气。

（3）混合煤气　混合煤气综合了空气煤气和水煤气的特点，以水蒸气和空气的混合物鼓入发生炉中，制得比空气煤气热值高，比水煤气热值低的混合发生炉煤气。

（4）半水煤气　可燃成分（主要是氢气和一氧化碳）与氮气的比例为 3.1～3.2，是合成氨原料气。

知识回顾：操作条件对气化的影响

温度影响：升温有利于吸热反应，降温有利于放热反应。压力影响：不利于水蒸气分解，水蒸气耗量增大，分解率低，加压使氧耗降低，相应减少供氧量，煤气中 CH_4，CO_2 增多，CO、H_2 减少，增大了生产能力。反应速率影响：化学反应速率受温度影响，扩散反应速率受鼓风速度控制。

 **能力训练**

1. 简述煤气化的操作条件对气化的影响。
2. 简述几种工业煤气的组成，其用途主要有哪些？
3. 煤的气化过程发生的主要化学反应有哪些？写出其反应方程式。
4. 在气化反应中，影响化学平衡的因素有哪些？

任务2
煤气化工艺条件选择

分任务 1　熟知煤的性质对气化的影响

煤是由植物遗体经过漫长的生物化学作用和物理化学作用演变而成的沉积有机岩，有的成煤物质是高等植物，有的是菌类、藻类等低等植物，而且成煤的年代和环境也不同，所以不同地区、不同煤化程度的煤种对气化过程的影响也不同，在选择气化用煤的时候，主要考虑煤炭的哪些性质呢？对气化过程的影响又是怎样的呢？

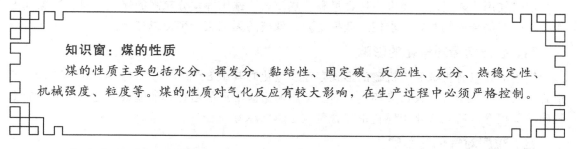

知识窗：煤的性质

煤的性质主要包括水分、挥发分、黏结性、固定碳、反应性、灰分、热稳定性、机械强度、粒度等。煤的性质对气化反应有较大影响，在生产过程中必须严格控制。

一、水分含量对气化的影响

对于常压气化，气化用煤中水分含量过高，煤料未经充分干燥就进入气化炉，会降低气化段的温度，使得 CH_4 的生成反应和 CO_2、水蒸气的还原反应显著减小，降低了煤气的产率和气化效率。

加压气化对炉温的要求比常压气化炉低，允许进炉煤的水分含量高些。

（1）常压气化　若煤中水分高，煤化干燥，干馏不充分，到进入气化阶段时，气化程度低，导致煤气产率低，气化效率低。

（2）低压气化　气化炉身高，干燥较充分，可用含水量高的煤，往往此种煤挥发分较高，煤的活性好，气化速率快，煤气质量好。

二、灰分含量对气化的影响

灰分是煤在800℃的条件下完全燃烧后的残余物，即煤中矿物质含量。组成为硅、铝、铁、镁、钾、钙、硫、磷等元素和以碳酸盐、硅酸盐、硫酸盐和硫化物等形式的盐类。

灰分的存在，对气化的影响主要有以下方面。

(1) 增加运输的费用；

(2) 降低气化效率；

(3) 增加炉渣的排出量；

(4) 增加随炉渣排出的碳损耗量；

(5) 增加气化的各项消耗指标（如氧气、水蒸气和煤的消耗指标），而净煤气的产率下降。

对于加压气化，用煤灰分可高达55%左右，不至于影响生产的正常进行。这是由于加压操作时，气化剂的浓度高，扩散能力强，能够透过煤灰表面与碳进行较为完全的反应。同时，进入炉中的气化剂的速率也比常压气化小，在炉内停留时间长，有较长的时间和煤反应。

 **能力训练**

灰分是煤炭气化后的残渣，主要成分是多种金属和非金属氧化物，通常以 SiO_2、Al_2O_3、Fe_2O_3、CaO、MgO、Na_2O、K_2O 等形式存在，如果灰分的组成发生改变，灰熔点也会发生改变。通过查阅资料的形式，查一查哪些组分含量增大，灰熔点升高？哪些组分含量增大，灰熔点降低？

三、挥发分含量对气化的影响

煤在加热时有机质部分裂解、聚合、缩聚，低分子部分呈气态逸出，水分也随着蒸发，矿物质中的碳酸盐分解，逸出二氧化碳等。除去水分的部分即为挥发分产率。随着变质程度的增高，煤的挥发分逐渐降低。

当煤气用作燃料时，要求甲烷含量高、热值大，选用挥发分较高的煤做原料。当煤气用作工业生产的合成气时，要求使用低挥发分、低硫的无烟煤、半焦或焦炭。

四、硫分含量对气化的影响

煤中的硫以有机硫和无机硫的形式存在。气化时其中 80%～85% 的硫以 H_2S 和 CS_2 的形式进入煤气当中，不仅污染环境，而且会影响后段工序的运行，如造成催化剂中毒，加重脱硫的负担等。所以气化用燃料中硫含量应是越低越好。

五、粒度对气化的影响

煤的粒度不同，将直接影响到气化炉的运行负荷、煤气的产率以及气化时的各项消耗指标。

(1) 粒度大小与比表面积间的关系：煤的粒径越小比表面积越大。

(2) 粒度大小与传热的关系：粒度越大传热越慢，煤粒内外温差越大，粒内焦油蒸气的扩散和停留时间增加，焦油的热分解加剧。

(3) 粒度与生产能力的关系：煤的粒度太小，当气化速率较大时小颗粒的煤有可能被带出气化炉外，使炉子的气化效率下降。

气化炉内某一粒径的颗粒被带出气化炉的条件是气化炉内上部空间气体的实际气流速度大于颗粒的沉降速度。

(4) 粒度的大小对各项气化指标的影响：煤的粒度减小，相应的氧气和水蒸气消耗将增大。

六、燃料的灰熔点和结渣性对气化的影响

煤气化时的灰熔点的含义，一是气化炉正常操作时，不致使灰熔融而影响正常生产的最高温度，另外采用液态排渣的气化炉所必须超过的最低温度。灰熔点越高，灰分越难结渣；相反，则灰熔点越低，灰分越易结渣。

在气化炉的氧化层，由于温度较高，灰分可能熔融成黏稠性物质并结成大块，这就是结渣性，其危害性有以下方面。

（1）影响气化剂的均匀分布，增加排灰的困难；

（2）为防止结渣采用较低的操作温度，从而影响了煤气的质量和产量；

（3）气化炉的内壁由于结渣寿命缩短。

七、其他性质对气化的影响

1. 煤的黏结性

黏结性煤在气化时，使料层的透气性变差，阻碍气体流动，出现炉内崩料或架桥现象，使煤料不易往下移动，导致操作恶化。

2. 煤的反应性

燃料的反应性主要影响气化过程的起始反应温度。反应性越高则发生反应的起始温度越低，气化温度就低，有利于 CH_4 的生成反应，从而降低 O_2 的耗量。当使用具有相同的灰熔点且活性较高的原料时，由于气化反应可在较低的温度下进行，可避免结渣现象。

3. 煤的机械强度和热稳定性

燃料的机械强度是指抗碎、抗磨和抗压等性能的综合体现。机械强度差的煤在进入气化炉后，粉状燃料的颗粒容易堵塞气道，造成炉内气流分布不均，严重影响气化效率。

煤的热稳定性是指煤在加热时，是否容易碎裂的性质。热稳定性差的煤在气化时，伴随气化温度的升高，煤易碎裂成煤末和细粒，对移动床内的气流均匀分布和正常流动造成严重的影响。

 阅读材料

煤中的水分存在形式

1. 外在水分

在煤的开采、运输、储存和洗选过程中润湿在煤的外表面以及大毛细孔而形成的。含有外在水分的煤为应用煤，失去外在水分的煤为风干煤。

2. 内在水分

吸附或凝聚在煤内部较小的毛细孔中的水分，失去内在水分的煤为绝对干燥煤。

3. 结晶水

在煤中以硫酸钙（$CaSO_4 \cdot 2H_2O$）、高岭土（$Al_2O_3 \cdot 2SiO_2 \cdot 2H_2O$）等形式存在的，通常大于 200℃以上才能析出。

 能力拓展

通过学习你能达到如下目标吗？通过网络、查找相关资料总结如下问题。

（1）了解我国煤炭分布情况及煤质情况。

（2）熟悉气化用煤的分类、煤的性质。

（3）掌握煤质、煤种对气化的影响。

分任务 2　识读煤气化过程的主要评价指标

煤气化过程中的主要评价指标有哪些？

一、气化强度

所谓气化强度，即单位时间、单位气化炉截面积上处理的原料煤质量或产生的煤气量。气化强度是指气化炉内单位横截面积上的气化速率，表达方式有三种：以消耗的原料煤量表示，单位为 kg/(m²·h)；以生产的煤气量表示，单位为 m³/(m²·h)（标准状况）；以生产煤气的热值表示，单位为 MJ/(m²·h)。

气化强度越大，炉子的生产能力越强。气化强度与煤的性质、气化剂供给量、气化炉炉型结构及气化操作条件有关。

二、气化炉单台生产能力

指单位时间内，一台炉子能生产的煤气量，计算公式如下：

$$V = \frac{\pi}{4} q_1 D^2 V_g$$

式中　V——单炉生产能力，m³/h；

　　　D——气化炉内径，m；

　　　V_g——煤气产率，m³/kg 煤；

　　　q_1——气化强度，kg/(m²·h)。

煤气产率：指每千克煤在气化后转化为煤气的体积，以 m³/kg 煤计算。

煤气单耗：为每生产单位体积的煤气需要消耗的燃料质量，以 kg/m³ 计。

三、气化效率

指所制得的煤气热值和所使用的燃料热值之比。

煤炭气化过程实质是燃料形态的转变过程，即从固态的煤通过一定的工艺方法转化为气态的煤气，同时伴随着能量的转化和转移。计算公式如下：

$$\eta = \frac{Q'}{Q} \times 100\%$$

式中　η——气化效率，%；

　　　Q'——1kg 煤所制得煤气的热值，kJ/kg；

　　　Q——1kg 煤所提供的热值，kJ/kg。

四、热效率

这是评价整个煤炭气化过程常用的经济技术指标。

气化效率偏重于评价能量的转移程度，即煤中的能量有多少转移到煤气中，而热效率则侧重于反映能量的利用程度。热效率计算公式如下：

$$\eta' = \frac{\sum Q_入 - \sum Q_{热损失}}{\sum Q_入}$$

$$\sum Q_入 = Q_{煤气} + \sum Q_{热损失}$$

式中　η'——热效率,%;

　　$Q_{煤气}$——煤气的热值,MJ;

　$\sum Q_入$——进入气化炉的总热量,MJ;

$\sum Q_{热损失}$——气化过程的各项热损失之和,MJ。

五、水蒸气的消耗量与蒸气分解率

1. 水蒸气的消耗量

指气化 1kg 煤所消耗蒸气的量。水蒸气消耗量和水蒸气分解率是煤炭气化过程经济性的重要指标,它关系到气化炉能否正常运行,是否能够将煤最大限度地转化为煤气。

2. 蒸气分解率

指被分解掉的蒸气与入炉水蒸气总量之比。蒸气分解率高,得到的煤气质量好,粗煤气中水蒸气含量低;反之,煤气质量差,粗煤气中水蒸气含量高。

 **能力训练**

1. 什么是气化强度、气化效率、水蒸气分解率?

2. 煤中的水分有哪几种形态?水分含量过高,对气化有何影响?

3. 什么是煤的灰熔点,灰熔点的高低对气化有何影响?

4. 煤的粒度对气化过程有何影响?

任务3
煤气化工艺路线选择

分任务1　认知(固定床)移动床气化工艺

 想想看

煤气化技术分类方法有哪些?目前常用的煤气化技术有哪些?

知识窗:煤气化技术分类方法

按照燃料在气化炉内的运动状况分为:固定床(又叫移动床)、沸腾床(又叫流化床)、气流床。按生产操作压力分:常压气化、加压气化。按排渣方式分:固态排渣气化、液态排渣气化。

煤气化被誉为煤化工产业的龙头技术，可作为大型工业化运行的煤气化技术，可分为固定床（移动床）气化技术、流化床气化技术、气流床气化技术。三种气化方式如图2-13所示。

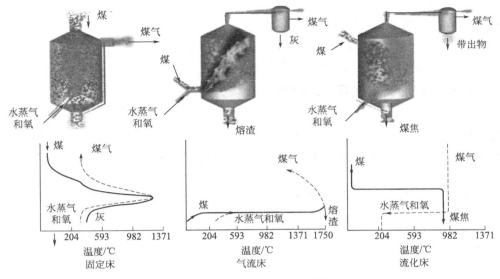

图 2-13　三种气化方式示意图

一、固定床（移动床）气化概述

常压固定床（如图2-14所示）一般以块状无烟煤或烟煤等为原料，从气化炉顶部加入，用蒸汽或蒸汽与空气的混合气体作为气化剂，从气化炉的底部交替进入，生产以一氧化碳和氢气为主要可燃成分的气体。

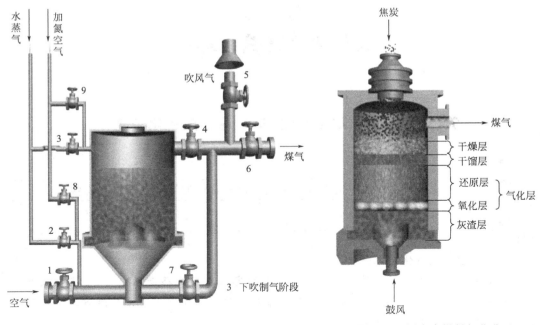

图 2-14　常压固定床气化炉　　　　　　　图 2-15　固定床燃料气化分区

固体燃料的气化反应，按煤气发生炉内生产过程进行的特性分为 4 层，如图 2-15 所示。

（1）干燥层　在燃料层顶部，燃料与热的煤接触，燃料中的水分得以蒸发。

（2）干馏层　在干燥层下面，由于温度条件与干馏炉相似，燃料发生热分解，放出挥发分及其他干馏产物变成焦炭，焦炭由干馏层转入气化层进行热化学反应。

（3）气化层　是煤气发生炉内气化过程的主要区域，燃料中的碳和气化剂在此区域发生激烈的化学反应，鉴于反应条件的不同，气化层还可以分为氧化层和还原层。

① 氧化层　碳被气化剂中的氧氧化成二氧化碳和一氧化碳，并放出大量的热量。煤气的热化学反应所需的热量靠此来维持。氧化层温度一般维持在 1100～1250℃，这决定于原料煤灰熔点的高低。

② 还原层　还原层是生成主要可燃气体的区域，二氧化碳与灼热碳起作用，进行吸热化学反应，生产可燃的一氧化碳；水蒸气与灼热碳进行吸热化学反应，生成可燃的一氧化碳和氢气，同时吸收大量的热。

（4）灰渣层　气化后炉渣所形成的灰层，它能预热和均匀分布自炉底进入的气化剂，并起着保护炉条和灰盘的作用。燃料层里不同区层的高度，随燃料的种类、性质的差别和采用的气化剂、气化条件不同而异。而且，各区层之间没有明显的分界，往往是互相交错的。

常压固定床煤气化技术的缺点是原料煤要求较高，且煤气热值较低，气化强度和生产能力有限、渣中残碳较高、气化为常压煤气的压缩功耗高。

加压固定床气化随着煤气化技术的不断发展，成为比较成熟的气化模式。鲁奇（Lurgi）加压气化技术是加压固定床气化技术的代表。

二、固定床（移动床）气化工艺及设备

1. 固定床（移动床）气化工艺

煤气化过程是有热效应的化学反应过程，煤和气化剂是反应物。气化剂以较小的速度通过床层时，经过固体颗粒形成的空隙，床内固体颗粒静止不动，这样的床层一般称固定床。

气化过程是连续的，燃料从气化炉的上部加入，形成的灰渣从底部连续排出，燃料以缓慢的速率向下移动，故也称为移动床。图 2-16 为常见的固定床煤气发生炉一般工艺流程。

气化燃料主要有褐煤、长焰煤、烟煤、无烟煤、焦炭等。

气化剂有空气、空气-水蒸气、氧气-水蒸气等。

煤和气化剂按照一定的比例，在一定温度和压力条件下发生化学反应，可燃成分转化为气体燃料，即产品煤气，灰分则以灰渣的形式出现。

2. 固定床（移动床）气化常见设备

（1）Ｕ·Ｇ·Ｉ煤气化炉　常压固定床煤气化设备，原料通常采用无烟煤或焦炭，其特点是可以采用不同的操作方式（连续或间歇）和气化剂，制取空气煤气、半水煤气或水煤气。

炉子为直立圆筒形结构（图 2-17）。炉体用钢板制成，下部设有水夹套以回收热量、副产蒸汽，上部内衬耐火材料，炉底设转动炉箅排灰。气化剂可以从底部或顶部进入炉内，生成气相应地从顶部或底部引出。因采用固定床反应，要求气化原料具有一定块度，以免堵塞煤层或气流分布不匀而影响操作。

Ｕ·Ｇ·Ｉ煤气化炉用空气生产空气煤气或以富氧空气生产半水煤气时，可采用连续式操作方法，即气化剂从底部连续进入气化炉，生成气从顶部引出。以空气、水蒸气为气化剂

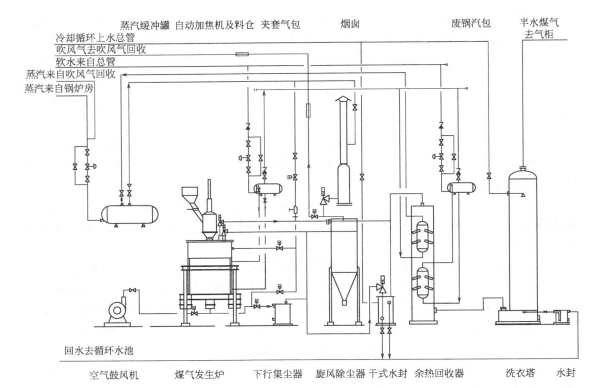

蒸汽缓冲罐　自动加焦机及料仓　夹套气包　　　烟囱　　　　　废锅汽包　半水煤气去气柜

冷却循环上水总管

吹风气去吹风气回收

软水来自总管

蒸汽来自吹风气回收

蒸汽来自锅炉房

回水去循环水池

空气鼓风机　　　煤气发生炉　　　下行集尘器　旋风除尘器　干式水封　余热回收器　　　洗衣塔　水封

图 2-16　固定床煤气发生炉一般工艺流程

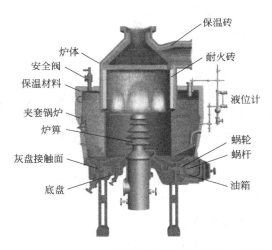

保温砖

炉体

耐火砖

安全阀

保温材料

液位计

夹套锅炉

炉算

蜗轮

蜗杆

灰盘接触面

油箱

底盘

图 2-17　U·G·I 型水煤气发生炉（常压、间歇）

制取半水煤气或水煤气时，都采用间歇式操作方法。

U·G·I 煤气化炉的优点是设备结构简单，易于操作，一般不需用氧气作为气化剂，热效率较高。缺点是生产强度低，每平方米炉膛面积的半水煤气发生量约 1000m³/h，对煤种要求比较严格，采用间歇操作时工艺管道比较复杂。

（2）鲁奇（Lurgi）煤气化炉　特点是煤和气化剂（水蒸气和 O_2）在炉中逆流接触，煤在炉中停留时间 1～3h，压力 2.0～3.0MPa。适宜于气化活性较高，块度 3～30mm 的褐煤、弱黏结性煤等。

鲁奇（Lurgi）煤气化炉为立式圆筒形结构（图2-18），炉体由耐热钢板制成，有水夹套副产蒸汽。煤自上而下移动先后经历干燥、干馏、气化、部分氧化和燃烧等几个区域，最后变成灰渣由转动炉栅排入灰斗，再减至常压排出。

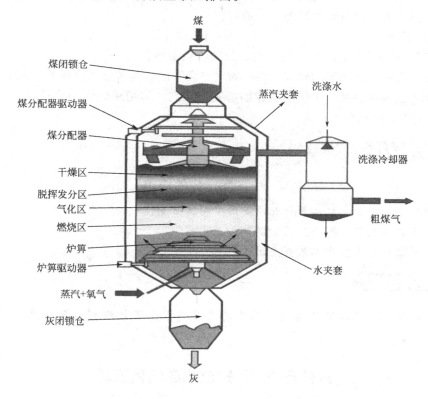

图2-18　鲁奇（Lurgi）干法排灰气化炉

气化剂则由下而上通过煤床，在部分氧化和燃烧区与该区的煤层反应放热，达到最高温度点并将热量提供气化、干馏和干燥用。粗煤气最后从炉顶引出炉外。

煤层最高温度点必须控制在煤的灰熔点以下。煤的灰熔点的高低决定了气化剂 H_2O/O_2 比例的大小。高温区的气体含有 CO_2、CO 和水蒸气，进入气化区进行吸热气化反应，再进入干馏区，最后通过干燥区出炉。煤气出炉温度一般在 $250\sim500℃$。鲁奇炉由于出炉气带有大量水分和煤焦油、苯和酚等，冷凝和洗涤下来的污水处理系统比较复杂。生成气的组成（体积）约为：H_2 为 $37\%\sim39\%$、CO 为 $17\%\sim18\%$、CO_2 为 32%、CH_4 为 $8\%\sim10\%$。

3. 固定床（移动床）气化特点

（1）主要优点

① 操作安全、稳定、可靠。煤料和气化剂逆流而行，创造了优良的热交换条件和最佳的反应条件。正常运行时，煤能充分燃烧，操作指标稳定。炉内设置的煤分布器，能储存一定煤量以适应输煤系统的波动，也可在加料装置发生故障时，提供一定的检修时间，而不需停炉，从而保证了生产的连续性。

② 能耗低。加压气化降低了压缩煤气的动力消耗；充分利用了合成 CH_4 放出的热量，减少了热耗。

③ 性能较差、灰熔点较高，不宜用液渣法和加压法煤气流化床气化的煤种，可得到较高的气化效率。

④ 煤气用途广，采用不同组成的气化剂，可制得各种用途的煤气。

⑤ 生产能力大，设备结构紧凑，占地面积小。

（2）主要缺点

① 水蒸气分解率较低，为40%左右，故蒸汽耗量高。

② 粗煤气含有一定数量的焦油和酚，对"三废"的处理和排放造成了一定困难。

③ 需耗用工业纯氧气，炉子的机械制造要求较高，需用块煤作为原料等造成加压气化厂建设投资较大，煤气成本较高。

 阅读材料

固定床的应用

1. 国内冶金、建材、机械等行业广泛用于制取燃气。

2. 中小型合成氨厂、甲醇厂用于制取合成气。

3. 用气量较少的小型化工装置中用于制取 CO 和 H_2。

 能力拓展

通过查阅资料、网络了解煤制天然气的发展前景，了解煤制天然气主要采用的气化工艺。

分任务 2 认知流化床气化工艺

你了解流化床气化吗？流化床气化的典型气化炉有哪些？

一、流化床的概述

1. 流化床气化

如图 2-19 所示，细颗粒燃料（0～8mm 的煤粉）在气化炉内受到自下而上鼓入气化剂的吹动，燃料呈密项流化状态，当气流速度继续增大，颗粒之间的空隙开始增大，床层膨胀，高度增加，床层上部的颗粒被气流托起，流体流速增加到一定限度时，颗粒被全部托起，颗粒运动剧烈，但仍然逗留在床层内而不被流体带出，床层的这种状态叫固体流态化，即固体颗粒具有了流体的特性，这样的床层称流化床。

2. 流化床反应过程特点。

流化床反应过程主要有以下特点。

（1）气化剂通过粉煤层，使燃料处于悬浮状态，固体颗粒的运动如沸腾的液体一样。

（2）气化用煤的粒度一般较小，比表面积大，气固相运动剧烈。

（3）整个床层温度和组成一致，所产生的煤气和灰渣都在炉温下排出，因而，导出的煤气中基本不含焦油类物质。

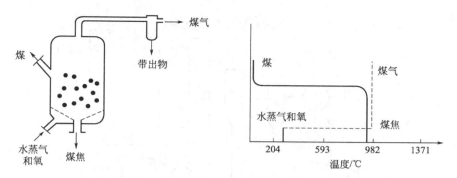

图 2-19　沸腾床气化炉以及炉内温度分布

二、常见流化床气化工艺

1. 温克勒（Winkler）气化工艺

（1）温克勒（Winkler）气化炉　温克勒气化是最早的以褐煤为气化原料的常压流化床气化工艺（图 2-20），气化炉为钢制立式圆筒形结构，内衬耐火材料。

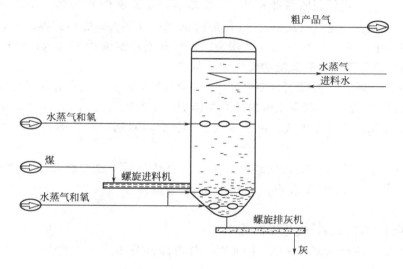

图 2-20　温克勒（Winkler）气化炉示意图

温克勒气化炉采用粉煤为原料，粒度在 0～10mm 左右。若煤不含表面水且能自由流动就不必干燥。对于黏结性煤，可能需要气流输送系统，借以克服螺旋给煤机端部容易出现堵塞的问题。粉煤由螺旋加料器加入圆锥部分的腰部，加煤量可以通过调节螺旋给料机的转数来实现。一般沿筒体的圆周设置 2～3 个加料口，互成 180°或 120°的角度有利于煤在整个截面上的均匀分布。

（2）温克勒（Winkler）气化工艺流程　温克勒气化工艺流程包括煤的预处理、气化、气化产物显热的利用、煤气的除尘和冷却等，如图 2-21 所示。

①　原料的预处理　原料经破碎和筛分制成 10mm 级的入炉料，为了减少带出物，有时将 0.5mm 以下的细粒筛去，不加入炉内；烟道气余热干燥，控制入炉原料水分在 8％～12％。经过干燥的原料，可使加料时不致发生困难，同时可提高气化效率，降低氧气消耗；对于有黏结性的煤料，需经破黏处理，以保证床层内正常的流化工况。

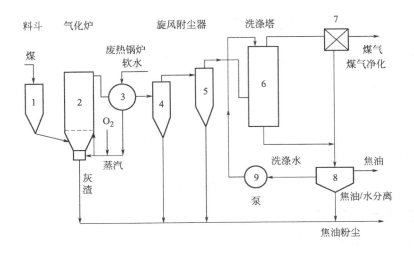

图 2-21　温克勒气化工艺流程示意图

② 气化　经预处理后的原料进入料斗，料斗中充以氮或 CO_2 气体，用螺旋加料器将原料送入炉内，一般蒸汽-空气（或 O_2）气化剂的 60％～70％由炉底经炉算送入炉内，调节流速使料层全部流化，其余的 40％～30％作为二次气化剂由炉筒中部送入，生成的煤气由气化炉顶部引出，粗煤气中含有大量的粉尘和水蒸气。

③ 粗煤气显热回收　粗煤气的出炉温度一般在 900℃ 左右，且含有大量粉尘，这给煤气的显热利用增加了困难。一般采用辐射式废热锅炉，生产压力为 1.96～2.1MPa 水蒸气，蒸汽产量 0.5～0.8kg/m³ 吹干煤气。由于煤气含尘量大，对锅炉炉管的磨损严重，应定期保养和维修。

④ 煤气的除尘和冷却　粗煤气经废热锅炉回收热量后，经两级旋风分离器及洗涤塔。可除去煤气中大部分粉尘和水汽，使煤气的含尘量降至 6～20mg/m³，煤气温度降至 35～40℃。

（3）温克勒（Winkler）气化操作条件

① 操作温度　流化床部分 800～1000℃；气流段部分 1000～1200℃；产品气化炉出口温度 800～1000℃。

② 操作压力　0.098MPa。

③ 停留时间　约 15min，停留时间的长短，决定于贫气的产量要求、煤的进料速度。

④ 原料煤　粒度为 0～10mm 的褐煤、不黏煤、弱黏煤、长焰煤以及中等黏结性烟煤。

⑤ 二次气化剂的用量与组成　必须精确地与被带出的未反应碳量成比例。

（4）温克勒气化工艺的特点　单炉生产能力大，直径 5.5m 温克勒炉产气量为 34000～40000m³/h，气化炉结构简单，造价低，其炉棚不转动，操作维修费较低，每年该项目费用只占总投资的 1％～2％，炉子使用寿命长。

2. 高温温克勒（HTW）气化工艺

（1）高温温克勒（HTW）气化炉（图 2-22）是采用较高的压力和温度的一项气化技术。除了保持常压温克勒气化炉的简单可靠、运行灵活、氧耗量低和不产生液态烃等优点外，主要采用带出煤粒再循环回床层的做法，提高了碳的利用率。

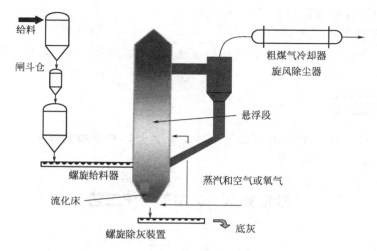

图2-22　高温温克勒（HTW）气化炉

（2）高温温克勒（HTW）气化工艺流程　如图2-23所示，高温温克勒（HTW）气化工艺的主要特点是出炉粗煤气直接进入两级旋风除尘器，一级除尘器分离的含碳量较高的颗粒返回到床内进一步气化。二级除尘器流出的气体入废热锅炉回收热量，再经水洗塔冷却除尘。

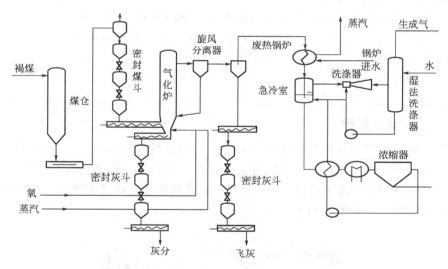

图2-23　高温温克勒（HTW）气化工艺流程图

整个气化系统是在一个密闭的压力系统中进行的，加煤、气化、出尘均在加压下进行。含水量8%～12%的褐煤进入压力为0.98MPa的密闭料斗系统后，经过螺旋给料机输入炉内。为提高煤的灰熔点而按一定比例配入的添加剂（主要是石灰石、石灰或白云石）也经给料机加入炉内。经过预热的气化剂（O_2、水蒸气或空气、水蒸气）从炉子的底部和炉身适当位置加入气化炉内。由螺旋给料机加入的煤料并流气化。

三、流化床气化工艺优缺点

1. 流化床气化工艺优点

沸腾床具有流体那样的流动特性，因而向气化炉加料或由气化炉出灰都比较方便。整个床内的温度均匀，容易调节。

2. 流化床气化工艺缺点

采用这种气化途径，对原料煤的性质很敏感，煤的黏结性、热稳定性、水分、灰熔点变化时，易使操作不正常。

 能力拓展

通过查阅资料、网络了解流化床气化的发展前景，目前国内是否有流化床气化示范装置。

分任务 3 认知气流床工艺

> 代表煤气化技术发展方向的气化工艺有哪些？

知识窗：气流床气化

将煤制成粉煤或煤浆，通过气化剂夹带，由特殊的喷嘴把细粉煤（<0.1mm）和气化剂喷入气化室，在足够高的温度下，气化在很短的时间内进行，这种气化方式称为气流床气化。

一、气流床基本原理

微小的粉煤在火焰中经部分氧化提供热量，然后进行气化反应，粉煤与气化剂均匀混合，通过特殊的喷嘴进入气化炉后瞬间着火，直接发生反应，温度高达 2000℃。所产生的炉渣和煤气一起在接近炉温下排出，由于温度高，煤气中不含焦油等物质，剩余的煤渣以液态的形式从炉底排出，如图 2-24 所示。

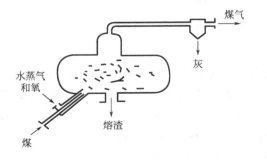

图 2-24 气流床气化炉简图

煤颗粒在反应区内停留时间约 1s，来不及熔化而迅速气化，而且煤粒能被气流各自分开，不会出现黏结凝聚，因而燃料的黏结性对气化过程没有太大的影响。

 **阅读材料**

气流床气化的成气过程如图 2-25 所示。

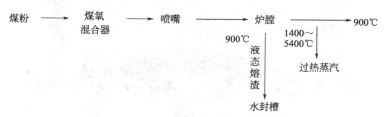

图 2-25 气流床气化的成气过程图

二、气流床气化优缺点

1. 气流床气化的优点

（1）反应温度高（中心温度可达 2000℃），反应速率快，煤料的停留时间短（1~10s），产物不含焦油、CH_4 等物质；用来生产合成氨、甲醇时，CH_4 含量低。

（2）由于煤料悬浮在气流中，随气流并流运动，煤粒的干燥、热解、气化等过程瞬间完成，煤粒被气流隔开，所以煤粒基本上是单独进行膨胀、软化、燃尽及形成熔渣等过程，所以煤的黏结性、机械强度、热稳定性等对气化过程不起作用，原则上可适用所有煤种。

（3）气流床的设计简单，内件很少。

2. 气流床气化的缺点

（1）由于燃料在气化介质中的浓度低、反应物并流，产品气体与燃料之间不能进行内部换热，其结果是出口气体的温度比移动床和流化床的都高。

（2）为了保证较高的热效率，因而就得在后续的热量回收装置上设置换热面积较大的换热设备，在一定程度上抵消了气化炉结构简单的优点。

三、常见气流床气化炉

1. K-T 气化炉

K-T 炉是一种高温气流床熔融排渣煤气化设备。采用气固相并流接触，煤和气化剂在炉内停留时间仅几秒钟，压力为常压，温度大于 1300℃。20 世纪 70 年代开始 Koppers-Totzek 与 Shell 公司合作开发加压的 K-T 气化工艺，因此从技术发展的源流来看，Shell 加压粉煤气化工艺是在 K-T 气化工艺上演变出来的。可见，目前大多数粉煤气化的气流床气化炉都是在 K-T 气化炉的基础上开发的。

K-T 气化是一种十分成熟的气化技术，大都用来生产富 H_2，以供合成氨的需要。

K-T 气化炉如图 2-26 所示。K-T 炉炉身内衬有耐火材料的圆筒体，两端各安装着圆锥形气化炉头有两个炉头，也有四个炉头。炉身用锅炉钢板焊成双壁外壳，在内外壳的环隙间产生低压蒸汽，同时把内壁冷到灰熔点以下，使内壁挂渣而起到一定的保护作用。两个稍向下倾斜的喷嘴相对设置，一方面可以使反应区内的反应物形成高度湍流，加速反应，同时火焰对喷而不直接冲刷炉墙，对炉墙有一定的保护作用。另一方面，在一个反应区未燃尽的喷出颗粒将在对面的火焰中被进一步气化，如果出现一个烧嘴临时堵塞，这种设置可保证连续安全生产。喷嘴出口气流速度要避免回火而发生爆炸，通常要大于 100m/s。

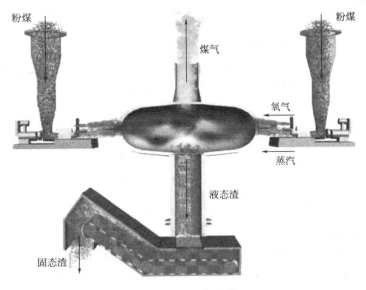

图 2-26　K-T 气化炉

K-T 煤气化炉最关键的问题是炉衬耐火材料与煤的灰熔点和灰组成必须相适应，尽量减少熔渣对耐火材料的侵蚀作用。其耐火衬里原采用硅砖砌筑，经常发生故障，后改用捣实的含铬耐火混凝土，近年改用加压喷涂含铬耐火喷涂材料，涂层厚 70mm，使用寿命可达 3～5 年；采用以氧化铝为主体的塑性捣实材料，其效果也较好。

目前，世界上最大的 K-T 炉在印度，容积为 56m³，有四个炉头，采用喷涂耐火衬里，以渣抗渣的冷壁结构，可副产高压蒸汽。

煤中大部分灰分在火焰区被熔化，以熔渣形式进入熔渣激冷槽成粒状，由出灰机移走。其余灰分被气体带走。炉温一般比灰熔点高 100～150℃，熔渣黏度控制在 150Pa·s 左右。

2. 德士古（Texaco）气化炉

德士古气化炉是一种以水煤浆进料的加压气流床气化装置，该炉有两种不同的炉型，根据粗煤气采用的冷却方式不同，可分为激冷型和废热锅炉型。如图 2-27 和图 2-28 所示。

两种炉型下部合成气的冷却方式不同，但炉子上部气化段的气化工艺是相同的。德士古加压水煤浆气化过程是并流反应过程。

合格的水煤浆原料同 O_2 从气化炉顶部进入。煤浆由喷嘴导入，在高速氧气的作用下雾化。O_2 和雾化后的水煤浆在炉内受到高温衬里的辐射作用，迅速进行着一系列的物理、化学变化：预热、水分蒸发、煤的干馏、挥发物的裂解燃烧以及碳的气化等。

气化后的煤气主要是 CO、H_2、CO_2 和水蒸气。气体夹带灰分并流而下，粗合成气在冷却后，从炉子的底部排出。

3. 壳牌（Shell）气化炉

壳牌（Shell）煤气化工艺采用干燥方式，用 N_2 将煤粉送到气化炉，最后生成合成气，即 CO 和 H_2 的混合物。合成气中含有原煤中约 80％～83％的能量，另外 14％～17％的有效能量以蒸汽的形式回收。

整个气化过程只有约 5％的能量流失。合成气可以用来制造纯氢，生产合成氨、甲醇、

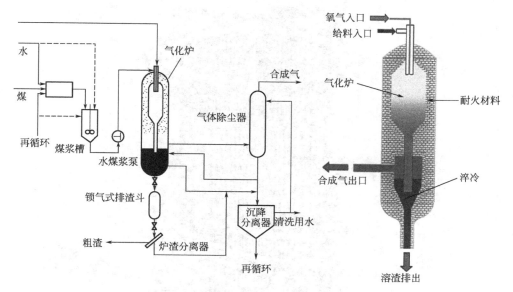

图 2-27 德士古（Texaco）激冷型气化炉

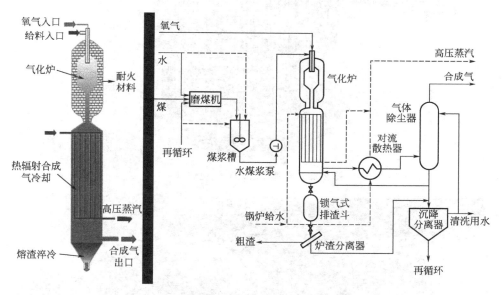

图 2-28 德士古（Texaco）废热锅炉型气化炉

含氧化合物以及尿素，还可用于电厂供热、蒸汽和发电的燃料，并可作为城市用气。

壳牌（Shell）煤气化技术使煤炭得以充分利用。其中，硫化物被还原成纯硫黄，可以作为原料出售给化工行业；灰分则被回收为清洁炉渣，用来制造建筑材料。整个工艺的用水量极低，废水也很容易净化。壳牌煤气化技术的另一个优势在于它适用于不同种类的煤，包括劣质的次烟煤和褐煤。

壳牌气化炉（图 2-29、图 2-30）属于气流床气化炉的一种，是目前世界上粉煤气化采用最多的炉型之一。这种炉型不仅可用不同种类的煤，包括劣质的次烟煤和褐煤，还可用于生物燃料和废弃物等的气化。

入炉原料煤为经过干燥、磨细后的干煤粉。干煤粉由气化炉下部进入，属多烧嘴上行制

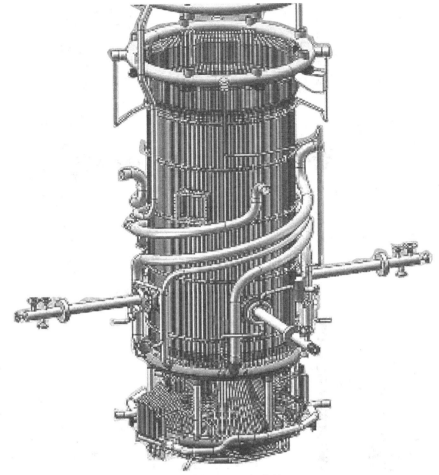

图 2-29　壳牌（Shell）气化炉（一）

图 2-30　壳牌（Shell）气化炉（二）

气。这种气化炉采用水冷壁，无耐火砖衬里。可以气化高灰熔点的煤，但仍需在原料煤中添加石灰石做助熔剂。

 能力拓展

1.通过查阅资料、网络了解气流床气化的特征，目前国内典型的流化床气化技术有哪些？

2.气化工艺发展到今天，大型气化装置主要有几种？

 阅读材料

气流床气化的特征

1.气固并流运动，自热式气化。

2.纯氧和水蒸气作为气化剂，可维持较高的炉温，有利于碳粒的完全气化。

3.选用合适的煤种，高挥发分，低灰熔点，高活性（褐煤）。高灰熔点煤加助熔剂（CaO、MgO、Fe_2O_3）等。

4.煤料的粒度要适当，因煤粉在气化炉中的停留时间很短（百分之几秒），所以煤粉的粒度要小（70%～80%要经过200目筛）。

5.可采用高压，粉煤气化，高压下，生产能力提高，气相分压增大，气化反应加快。停留时间延长，则使碳转化率提高。

6.辅助设施的配置，制煤或制浆系统。

项目三
碎煤加压气化过程

学习目标

1. 能简要叙述碎煤加压气化原理及过程。
2. 能较熟练识读原料煤的加工工艺流程。
3. 会正确指认鲁奇炉的类型、主要结构并能说明各部件的功能。
4. 会简要讲解一两种典型鲁奇加压工艺并说明其气化条件。
5. 能简要说明两种以上典型原料煤加工设备的操作要点及注意事项。
6. 能简要介绍鲁奇加压气化炉装置的操作与管理要点。
7. 能与他人合作，进行有效沟通交流，共同完成学习任务。
8. 能主动获取有效信息，对学习过程进行总结和反思，并形成文字。
9. 能通过查阅网络、教材、参考书，获取碎煤加压气化相关资料。

任务1
鲁奇炉原料煤的加工

分任务1　认识原料煤的加工工艺过程

通过前面煤气化技术的基础知识，我们清楚了各气化工厂运行中煤气化技术的好坏，很大程度取决于原料的煤质。原煤的成分除了煤以外，还含有矿物质、煤矸石、水分等杂质，为了制备满足气化条件的煤，我们该怎么办？

知识窗：鲁奇炉气化对原料煤的要求

一般加压气化要求入炉煤的粒度在 6～50mm。褐煤水分含量最大，临界水分含量为 34%，其他煤种应低于该数值。煤的灰分在 19% 以下较为经济。一般要求灰熔点越高越好，最好高于 1500℃。对煤的黏结性要求是弱黏结性或不黏结性煤。

一、煤炭洗选

对原煤必须要进行一定的洗选加工，即煤炭的洗选，才能制备满足气化条件的煤。

所谓的煤炭的洗选是利用煤和杂质（矸石）的物理、化学性质的差异，通过物理、化学或微生物分选的方法使煤和杂质有效分离，并加工成质量均匀、用途不同的煤炭产品的一种加工技术。

原料煤洗选在选煤厂完成，是现代煤矿的重要生产环节。见图 3-1 和图 3-2。

图 3-1　原煤与加工后的原料煤

图 3-2　选煤厂

 阅读材料

选煤的方法分类

选煤厂的选煤根据操作环境的不同有湿法与干法之分。湿法选煤厂俗称洗煤厂,选煤厂视其主导产品的用途分为炼焦选煤厂与动力煤选煤厂。前者以生产冶炼用炼焦精煤为主;后者是非炼焦煤选煤厂的统称,以排除原煤矸石并生产粒级煤和电厂用煤为主。炼焦煤选煤厂的精煤质量要求高,分选深度常接近0,因而工艺流程较为复杂。动力煤选煤厂视原煤质量与市场需求,工艺流程较为简单。

二、煤炭洗选的作用

1. 提高煤炭质量,减少燃煤污染物排放

煤炭洗选可脱除煤中 $50\%\sim80\%$ 的灰分、$30\%\sim40\%$ 的全硫(或 $60\%\sim80\%$ 的无机硫),燃用洗选煤可有效减少烟尘、SO_2 和 NO_x 的排放,入洗 1 亿吨动力煤一般可减排 60 万~70 万吨 SO_2,去除煤矸石(图 3-3) 16×10^6 t。

图 3-3　煤矸石

2. 提高煤炭利用效率,节约能源

煤炭质量提高,将显著提高煤炭利用效率。一些研究表明:炼焦煤的灰分降低 1%,炼铁的焦炭耗量降低 2.66%,炼铁高炉的利用系数可提高 3.99%;合成氨生产使用洗选的无

图 3-4　运煤汽车

图 3-5　运煤火车

烟煤可节煤 20%；发电用煤灰分每增加 1%，发热量下降 200～360J/g，每度电的标准煤耗增加 2～5g；工业锅炉和窑炉燃用洗选煤，热效率可提高 3%～8%。

3. 优化产品结构，提高产品竞争能力

发展煤炭洗选有利于煤炭产品由单结构、低质量向多品种、高质量转变，实现产品的优质化。我国煤炭消费的用户多，对煤炭质量和品种的要求不断提高。有些城市，要求煤炭硫分小于 0.5%，灰分小于 10%，若不发展选煤便无法满足市场要求。

4. 减少运力浪费

由于我国的产煤区多远离用煤多的经济发达地区，煤炭的运量大，运距长，平均煤炭运距约为 600km，煤炭经过洗选，可去除大量杂质，节省运力。见图 3-4 和图 3-5。

知识回顾：工艺流程图

一、工艺流程图的种类

二、不同种工艺流程图的特点

三、各种工艺流程图的解读方法

三、原料煤洗选流程原则工艺流程

原料煤洗选流程原则工艺流程图例一，如图 3-6 所示。

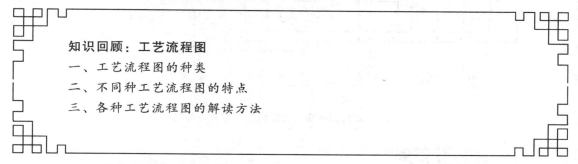

图 3-6　原料煤洗选流程原则工艺流程图例一

原料煤洗选流程原则工艺流程图例二，如图 3-7 所示。

 阅读材料

煤加工工艺

选煤厂的生产过程由若干作业组成，一般包括原煤准备（筛分、拣矸、破碎）、分选、产品分级和脱水、浓缩与澄清、浮选、过滤、压滤、尾煤处理、热力干燥以及储煤、装车和排矸等，对用重介法洗选的选煤厂，还有重介质制备。为保证生产过程的进行，还有产品质量检验、技术检查、机修、供配电及供热等辅助作业。

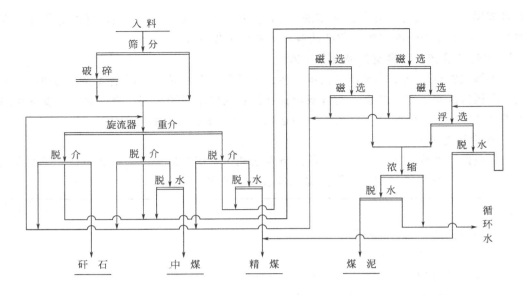

图 3-7　原料煤洗选流程原则工艺流程图例二

 知识拓展

煤加工中选煤方法的分类

根据煤和杂质的物理、化学性质的差异，选煤可分为物理选煤、化学选煤、物理化学选煤及微生物选煤，原理及常用方法见表 3-1。

表 3-1　选煤的分类、原理及常用方法

分类	原理	常用方法
物理选煤	利用煤炭和杂质物理性质(如粒度、密度、硬度、磁性及电性等)上的差异进行分选	跳汰选煤、重介质选煤、斜槽选煤、摇床选煤、风力选煤、电磁选
化学选煤	借助化学反应使煤中有用成分富集，除去杂质和有害成分	碱处理、氧化法、溶剂萃取
物理化学选煤	依据矿物表面物理化学性质的差别分选	浮游选煤
微生物选煤	用某些自养性和异养性微生物，直接或间接地利用其代谢产物从煤中溶浸硫，达到脱硫的目的	自生介质选煤、生物浮选

物理选煤优点是过程简单，能实现工业化生产，缺点是不能有效去除煤中的有机硫等杂质。

化学选煤的优点是能脱除煤中的大部分硫，缺点是操作条件苛刻，腐蚀性强，成本高。

微生物选煤的优点是设备简单，反应条件温和，成本低，缺点是生产周期长，目前未实现规模化生产，尚属于研究阶段。

目前工业化生产中最常使用的选煤方法为跳汰、重介质、浮选等选煤方法。

 **能力训练**

观察分析图 3-7，简要回答下列问题。

1. 该图属于_____工艺流程图。

2. 原料煤经过哪些加工过程可以得到精煤？

3.除了精煤以外，煤加工过程还可以得到哪些产物？

 能力拓展

1.请运用网络、教材、参考书等渠道，查阅图3-6、图3-7所含的煤加工工艺中的专用名称。

2.讨论煤加工工艺选择的依据是什么？

3.到当地的一家煤加工企业，了解煤加工的生产过程。

分任务2　原料煤加工设备的操作

　　　　如果你作为选煤厂的一名员工，能按照生产流程正确认知生产设备的名称、作用、工作原理吗？你能简要介绍典型设备的操作要点及安全操作注意事项吗？

一、破碎机的操作

你见过图3-8中的设备吗？它的作用、生产原理、操作要点及安全操作注意事项有哪些呢？

图3-8　破碎机

1.破碎的工作原理

破碎是在外力作用下使物料变成小块的过程，见图3-9。

图3-9　煤的破碎

破碎作业在选煤厂和选矿厂生产中都占有重要地位。

2. 破碎的作用

破碎作业的作用主要有：满足分选机械对入选物料最大入选粒度的要求；满足夹矸煤或中矿物料除去煤矸石或矿物质的要求；满足用户对选后产品粒度的要求。

破碎作业按破碎产物的粒度不同分为：粗碎、中碎、细碎与粉碎四类，见表3-2。

表 3-2   破碎作业按粒度分类

作业名称	粗碎	中碎	细碎	粉碎
产品粒度/mm	>50	6~25	1~6	<1

 阅读材料

煤的破碎

一般煤矿运到选煤厂的原煤粒度很大，可达300mm。我国目前选煤方法主要采用重介或跳汰，一般对入选原煤的粒度都有要求。为了满足重选设备对原煤粒度的要求，选煤厂有两种破碎系统，即开路破碎系统和闭路破碎系统。

开路破碎系统：一般是带有准备筛分作业，破碎产品不检查，如图3-10所示。

闭路破碎系统：一般是带有检查筛分，如图3-11所示。破碎常用的设备有颚式破碎机、圆锥破碎机、辊式破碎机和冲击式破碎机等。

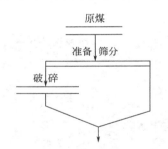

图 3-10　开路破碎系统示意图

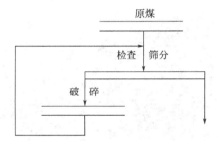

图 3-11　闭路破碎系统示意图

3. 破碎设备运行操作步骤

（1）开车前的准备　检查破碎机前后溜槽是否堵塞和有无杂物卡住，有无砸坏、变形，致使煤流不畅，如发现问题及时处理；检查机体内有无煤块、杂物卡塞现象，破碎机必须保证空载启动；按《选煤厂机电设备检查通则》要求进行设备一般性检查。

（2）开车及正常操作　当集控开车时，应将转换开关打至集控位置，并在开关附近观察启动情况。就地开车时，接到调度指令后按逆煤流方向空载启动；启动后要等破碎机正常运转后方可给料；入料量要保持均匀，并要沿齿辊开口均匀下料，防止过载。

（3）停车操作　就地开车时，接到停车信号后，待设备上无物料时，方可按下停车按钮进行停车；集控开车时，由调度集中控制停车；交接班前应将工作区域清理干净，各类物品码放整齐。

 能力拓展

请运用网络、教材、参考书等渠道，查阅破碎机常见故障及排除方法。

破碎设备运行注意事项

破碎后产品不能含过多的超粒，以保证准确的入洗粒度，过粉碎现象对洗选加工也是不利的；给料要均匀，即保持给煤量稳定，同时应将物料均匀地给到沿齿辊轴线的整个宽度上；小时处理量、破碎后产品的超粒含量和粉煤含量是破碎作业的技术指标；破碎机必须在密闭状态下工作；破碎机的旋转部件必须设防护罩；不准在运转中打开破碎机箱盖；不准操作人员站在破碎机上。

二、筛分设备的操作

你见过图 3-12 中的设备吗？它的作用、生产原理、操作要点及安全操作注意事项有哪些呢？

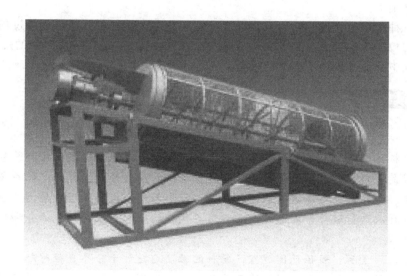

图 3-12　筛分设备

1. 筛分的工作原理

把各种粒度的混合物通过筛分机械，按筛孔大小分成不同粒度级别产品的过程叫做筛分，如图 3-13 所示，原料煤成品要进行筛分以确定不同的品质。

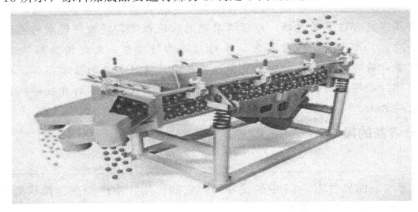

图 3-13 煤的筛分

2. 筛分的作用

筛分是一种化工单元操作，原料煤需要根据其粒度大小进行分离，如经过粉碎的原料必须达到一定的粒度，要筛分后将没有达到要求的原料继续粉碎，而粒度小的煤可以作为他用。选煤过程中筛分和破碎工序配合操作。

 阅读材料

筛分分类与影响因素

根据破碎机械与筛分机械配置关系分为预先筛分、检查筛分和预先检查筛分三类。预先筛分是在破碎前进行筛分，预先筛出小于破碎机排矿粒度的部分，以减小设备负荷，提高破碎机的生产率。检查筛分是在破碎后进行筛分，筛出粒度合格的筛下产物，不合格的筛上产物返回破碎机再次进行破碎，以保证产品粒度。预先检查筛分兼有预先筛分和检查筛分的两种作用。

影响筛分的因素有：粒径范围适宜，物料的粒度越接近于分界直径时越不易分离；物料中含湿量增加，黏性增加，易成团或堵塞筛孔；粒子的形状、密度小、物料不易过筛；筛分装置的参数。

筛分机械的种类很多，按用途分为筛分分析用的实验室套筛和工业筛。在选矿厂的破碎车间常用的有固定筛、滚动筛、振动筛等。

3. 筛分设备运行操作步骤

（1）开车前的准备 检查轴承的润滑情况良好，各润滑点有适量的润滑脂；检查所有紧固件是否紧固；检查传动皮带安装正确和情况良好，若发现皮带破损应及时更换，当皮带或槽轮上有油污时，应用干净布及时擦净；检查防护装置完好，若发现防护装置不安全现象时，应马上排除；检查粗网及细网无破损；用手盘动飞轮或拉动皮带，确认设备转动灵活，才可空载试车。

（2）开车及正常操作 同时按住启动和停止按钮，按下启动按钮，启动振动筛，观察机体振动情况、聆听机体的运转噪声，如有不正常振动和声音，立刻按下停止按钮。

查明和消除不正常现象后，方可启动；启动筛分设备，观察无不正常运转，达到额定转速后，松开停止按钮；逐渐投料，使振动筛无不正常振动和声音，平稳运转，直至正常加料。

（3）停车操作 停止给料；停车前要排空筛面上的物料；再振动一段时间，使筛网内的粗粒振出；筛网上无物料，按停止按钮。

 能力拓展

请运用网络、教材、参考书等渠道，查阅筛分设备常见故障及排除方法。

 阅读材料

筛分设备运行注意事项

当环境温度为25℃，运转正常温升为35℃/h，当轴承温升高于70℃/h时，按停车操作执行；停机后，应检查润滑装置，擦洗部件，做好设备检查和保养工作；做好运行、润滑、维护与检修记录的填写；为保障安全，设备运转时严禁进行调整、清理和修理工作；为保障设备安全，严禁振动筛在带负载情况下启动和停机，仅允许在空载下启动和停机；设备环境噪声达到50dB以上，必须佩戴防护耳罩或耳塞；设备环境呼吸粉性尘浓度大于$3.5mg/m^3$以上，必须佩戴防尘口罩；每次停机时要求对设备进行全面的清理和擦拭；投料后要根据入料量及浓度的变化，进行调整，原则上使煤泥均匀平铺到筛面上，厚度在50～150mm为宜，严禁无料长时间空负荷运行。

三、重介质分选机操作

你见过图3-14中的设备吗？它的作用、生产原理、操作要点及安全操作注意事项有哪些呢？

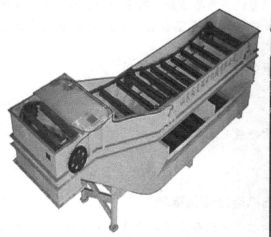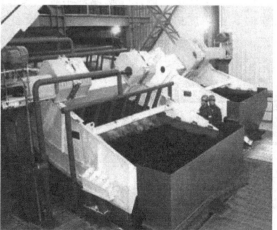

图3-14 重介质分选机

1. 重介质选煤原理

重介质选煤是按密度差异实现煤与矸石分层和分离的选煤方法，原煤中煤密度 1200～1600kg/m³，煤矸石密度 1800～2600kg/m³，其实质是煤重力沉降。

重介质选煤过程是经预先筛分后的原煤（一般粒径大于 13mm 或 6mm）进入充满重介质悬浮液的分选机后，密度小于悬浮液密度的煤上浮，密度大于悬浮液密度的矸石或重煤下沉，实现了按密度分选。

重介质选煤的关键是选择密度介于煤与矸石密度之间的重液或重悬浮液。常见的重液为某些高密度的无机盐类的水溶液或某些高密度的有机溶液；重悬浮液是由高密度固体微粒与水配制成有一定密度且呈悬浮状态的两相流体，比如国内外普遍采用磁铁矿粉与水配制的悬浮液作为选煤的分选介质。通常用重液分选的称为重液选，用重悬浮液分选的称为重悬浮液选。

2. 重介质选煤作用

重介质选煤是一种高效率的重力选煤方法，可高效率地分选难选煤和极难选煤、分选密度调节范围宽、适应性强、分选粒度范围宽、处理能力强、实现自动控制。

目前，我国重介质选煤设备及其工艺明显地向两个方向发展，即提高选煤的生产能力（单位时间选煤的量）和提高精细化程度（煤的粒度降低）。故将两种工艺加以综合的复选工艺及研发高效的重介质选煤设备是重介质选煤技术领域研究重点。

重介质选煤应用较广泛的设备有立轮重介质分选机、重介质旋流器、斜轮重介质分选机。

3. 重介质分选机运行操作步骤

（1）开车前的准备　检查刮板是否缠绕杂物，底部上升流孔板是否堵塞；检查刮板是否松动、弯曲；检查刮板连接板固定螺栓、刮板链轴销、刮板链下导轨、耐磨板固定螺栓是否脱落或松动；刮板链的松紧程度是否合适，有无跳链现象；检查减速机油位和头轮、尾轮、托轮的轴承润滑情况是否正常；检查传动链的松紧程度是否合适，有无磨损、跳槽、断裂现象，否则应及时调整或更换；刮板欠速保护和闭锁装置必须保证齐全完好，动作灵敏可靠；检查其他各部件紧固螺栓是否松动，槽箱机尾的挡料板是否松动；检查后必须就地点动检查刮板的运转方向是否正确；确认一切正常后，向调度发出可以开车信号。

（2）开车及正常操作　就地开车时，接到调度的开车指令后，按下启动按钮开车；集控开车时，由调度进行集中控制开车；待设备运转和介质流正常后，通知集控室正常加煤生产。

（3）停车　停止给料；待槽内所有物料和沉淀的介质排净后，停机。

 能力拓展

请运用网络、教材、参考书等渠道，查阅重介质分选机常见故障及排除方法。

 阅读材料

重介质分选机运行注意事项

密切注意前后设备运转状况，按照煤流方向在下方设备出现故障后应及时停煤、停机或通知集控室处理；观察来煤情况和浮煤的运动情况，及时调节上升流和水平流的大小，或通知集控室调整给料量大小；观察矸石排料带煤情况和精煤排料带矸情况，及时通知集控室调整分选介质密度；经常检查减速机、各部转动部位轴承的温度和振动情况，出现异常及时汇报集控室或值班领导；密切注意刮板及刮板链是否弯曲、断裂或出现卡阻情况，发现问题及时停车或汇报集控室；排除时人员要站稳抓牢，任何情况下都严禁将工具过人体伸入运转的浅槽箱体内。

四、跳汰机的操作

你见过图 3-15 中的设备吗？它的作用、生产原理、操作要点及安全操作注意事项有哪些呢？

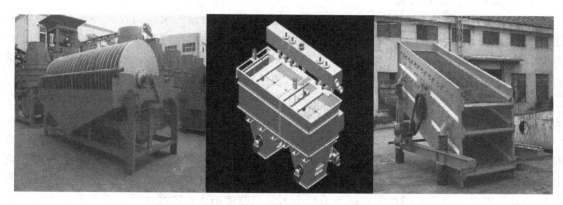

图 3-15　跳汰机

1. 跳汰选煤的原理

跳汰选煤也叫跳汰选，它是将细煤粒混合物，在垂直升降的变速介质流中，按密度差异进行分层和分离的重力选煤方法，能处理 15～150mm 粒级原料煤。在跳汰选煤的过程中，以水作为分选介质时，称为水介质跳汰或水力跳汰；若以空气为分选介质，则称风力跳汰。见图 3-16。

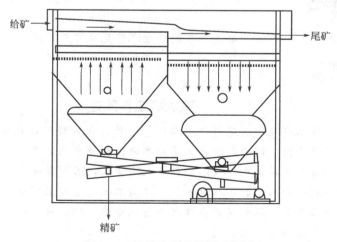

图 3-16　跳汰选煤的原理示意图

2. 跳汰选煤的作用

跳汰选煤主要应用于洗选中等难选到易选的煤种，原则上中等可选、易选的和极易选原煤应采用跳汰选煤方法，以求得高质量和高效益。跳汰选煤具有工艺流程简单，选煤入料粒度范围宽，设备操作维修方便，处理能力强，有足够的分选精确度的特点。

 阅读材料

在我国使用较多的国产跳汰机有 SKT 系列、X 系列筛下空气室跳汰机。X 系列跳汰机采用液压托板排料方式，跳汰面积为 $4\sim45m^2$；SKT 系列跳汰机跳汰面积为 $6\sim40m^2$，采用无溢流堰深仓式稳静排料方式，可避免已分层物料撞击或翻越溢流堰造成二次混杂。

跳汰技术的发展是朝着设备大型化、降低制造和运行成本、更加精确地实现分选、提高单机及系统的自动化程度等方向进行。

3. 跳汰机运行操作步骤

（1）开车前的准备　按正常生产的风、水用量把所有的风、水阀门校对一次；三联体的油雾化器的油质、油量应符合要求；三联体的空气过滤器的水位应正常；对电控系统、电磁阀应详细检测，看工作是否正常可靠；每班开车前高压风包应先放水；液压站各执行元件须连接好，油管须牢固避免震动，油液须过滤，装油至规定高度。

（2）开车　启动低压风机、鼓风机、循环水泵等辅机；启动跳汰机的斗式提升机，并打开风阀及总水门；风、水正常，床层稳定后，打开给煤溜槽闸门，给煤机开始给煤。

（3）正常操作　各段床层形成后，根据床层厚度、松散度和运动情况，调整风、水量，使给煤量、风、水得到最佳配合；顶水流量阀门的调整：从入料端起第一个阀门开启最大，顺物料运动方向各阀门的开启依次递减，顶水供给量视原煤煤质和给料情况而定；给料须按机器规定的处理能力和分选粒级均匀连续地沿整个入料口宽度给入；产品快速检查结果出来后，应对给煤量、风、水量、排料情况进行一次全面检查、分析，作出判断后进行一次细致的操作调整。

（4）停车操作　接到停车信号后，先停止给煤；关上给煤机溜槽闸门；关停循环水泵、鼓风机；关闭总水门，最后停斗式提升机；关上电脑数控箱电源开关。

 能力拓展

请运用网络、教材、参考书等渠道，查阅跳汰机常见故障及排除方法。

 阅读材料

跳汰机工作原理

当前，跳汰选煤技术在我国选煤行业中居优势地位，国内外选煤或选矿的工业生产中，水介质跳汰的应用最为广泛，风力跳汰在干旱缺水地区和节水地区有一定的应用。

实现跳汰过程的设备叫跳汰机。被选物料给入跳汰机内落到筛板上，便形成一个密集的物料层，称为床层。在给料的同时，从跳汰机下部周期性地给入上下交变的介质流，垂直变速介质流透过筛孔进入床层，物料就是在这种介质流中经受跳汰的分选过程。物料在一个跳汰周期中所经历的松散与分层过程如图 3-17 所示。

在一个跳汰周期内，床层经历了从紧密到松散分层再紧密的过程，颗粒逐渐分层，经历了分选。只有经过多个跳汰周期之后，分层才逐趋完善。最终，高密度矿粒集中在床层下部，低密度煤粒则聚集在上层。然后，从跳汰机分别排放出来，从而获得了两种密度不同的产物。

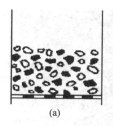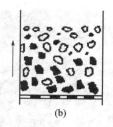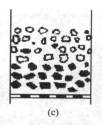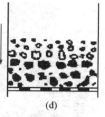

(a)	(b)	(c)	(d)

图 3-17　物料在一个跳汰周期中所经历的松散与分层过程

跳汰机运行注意事项

清洗跳汰机时，要防止水进入电磁阀内，以免损坏电磁阀；在跳汰机运转中，工作人员不得用手在风阀排气口试探风量或者直接用手润滑滑体；采用气动风阀的跳汰机，其高压风压不得高于 0.6MPa，风阀系统不得在油雾器缺油情况下运行。

五、浮选机的操作

你认识图 3-18、图 3-19 中的浮选机吗？它的作用、生产原理、操作要点及安全操作注意事项有哪些呢？

图 3-18　浮选机

1. 浮游选煤的原理

浮选工艺是一种应用非常广泛的选煤方法，又称浮选或泡沫浮选，它利用煤是一种很好的天然疏水性物质，而矸石呈亲水性的差异来实现分选，是对小于 0.5mm 的细粒煤泥最有效的分选方法。

在浮选过程中，水、煤和大量气泡在浮选机中运动，由于煤表面疏水，煤粒易被气泡捕获，随气泡上升，聚集于液面，经刮出即为浮选精煤。亲水的矸石微粒滞留在煤浆中作为尾矿排出。

2. 浮选的作用

浮选工艺广泛用于细粒嵌布的金属、非金属、原料煤等的分选。

图 3-19　浮游选煤

浮选在原料煤加工中的用途是降低细粒煤中的灰分和从煤中脱除细粒硫铁矿。全世界每年经浮选处理的矿石和原料煤有数十亿吨。浮选适于处理细粒及微细粒物料，用其他选矿方法难以回收的小于 $10\mu m$ 的微细矿粒，能用浮选法处理。

3. 浮选机运行操作步骤

（1）开车前的检查　浮选机槽内有无杂物；检查开关是否灵活；所有浮选机及刮板传动的三角皮带必须固定平稳整齐，松紧一致；箱体衬胶必须平稳整齐，假底和稳流板、挡板必须齐全，设置平稳；检查空气管路是否畅通；检查液位自动控制系统是否灵活可靠；检查搅拌桶各注油器内是否注满了润滑脂，并向轴承注适量油脂；用手盘动搅拌桶皮带轮装置，观察竖轴转动是否灵活，叶轮是否碰撞、摩擦导流装置。

（2）开车操作　空槽启动，首先给煤，启动搅拌桶，启动和给煤箱相连的吸浆浮选机，待煤浆完全淹没盖板后启动相邻的直流槽浮选机。

停机后满槽启动，启动顺序：确认吸气管调气盖打开；启动浮选机电机；启动搅拌桶；开始给煤。

按工艺流程开车，开启粗选、精Ⅰ、精Ⅱ浮选机，开启浮选分煤箱煤浆。

（3）停车操作　浮选机排空煤浆时停机顺序：停止给煤；给煤完全停止后，打开中尾箱闸门；停止搅拌桶；浮选机正常运转；可以看到盖板时，关闭浮选机电机；打开放矿阀排走槽内剩余煤浆。

保持满槽煤浆停机顺序：停止给煤；给煤停止后，按矿浆流动方向，停止搅拌桶，从第一槽逐次向后停浮选机。

 能力拓展

1. 请利用网络、教材、参考书，查阅浮选机常见故障及排除方法。

2. 请链接：通过网络查找关于各种浮选剂的组成、功能及使用方法。

 阅读材料

浮选剂的种类

生产中，浮选中常添加各种浮选剂（图 3-20），如煤油、脂肪醇、石灰、水玻璃等用来

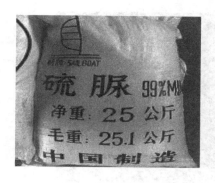

图 3-20 浮选剂

增大煤和矸石表面性质的差异，强化分选效果。浮选剂按其作用可分为捕收剂、起泡剂、介质 pH 调整剂、抑制剂。

浮选机运行过程中的注意事项

浮选机工作过程中吸气管不能完全关闭，完全关闭吸气管将导致浮选机吸气量的减小，增大矿浆浓度，从而增大浮选机功率，电机容易发热甚至烧毁。在浮选机泡槽的情况下，允许短时间关闭调气盖，液面稳定后及时打开调气盖。

 能力拓展

1. 请运用网络、教材、参考书等渠道，查阅破碎、筛分、重介质选煤、跳汰选煤、浮游选煤相关资料，并整理成设备操作说明书。

2. 选煤厂若要做到绿色生产，需要采取哪些措施？

3. 到当地的一家煤加工企业，了解各种煤加工设备操作与维护。

4. 在洗煤厂需要掌握哪些安全防护技能？

任务2
碎煤的气化过程

分任务 1 熟知碎煤加压气化的原理

 你见过鲁奇炉（图 3-21）吗？碎煤加压气化的原理和过程你知道吗？你能写出碎煤加压气化的主要反应方程式吗？你能说出鲁奇炉内发生煤气化时料层分布情况吗？

图 3-21　鲁奇炉

知识回顾：移动床气化炉的分类

　　煤炭在移动床气化炉中的气化，按气化压力分为常压移动床气化和加压移动床气化两类。

一、碎煤加压气化

　　碎煤移动床加压气化采用水蒸气与纯氧为气化剂，气化强度大，煤的利用率高，单炉制气能力可达 35000m³（标准状况）/h（干基）以上，而且煤气的热值高，煤种适应性好。碎煤加压气化在中国城市煤气生产和制取合成气方面受到广泛重视，并发展迅速。

　　目前世界上采用移动床煤气化技术建厂数量最多的是碎煤加压气化技术，主要用于生产城市煤气和合成原料气。碎煤加压气化技术唯一工业化的是鲁奇法，所用加压气化炉为鲁奇炉。我国以半无烟煤为原料的年产 30 万吨合成氨厂，即采用鲁奇加压气化法制取合成氨原料气。

二、碎煤加压气化原理

　　碎煤加压气化过程是煤由加压气化炉顶部加入炉内，首先经过干燥层、干馏层，然后进入甲烷层、第二反应层、第一反应层及灰渣层，灰渣由转动的炉算不断排入灰锁，再定期排出。氧和蒸汽的混合物由炉底连续通入燃料层，进行逆流气化，生成的粗煤气由上部连续排出。其中，甲烷层、第二反应层、第一反应层为真正的气化阶段，干燥层和干馏层为原料的准备阶段，第二反应层和甲烷层统称为还原层。见图 3-22。

1. 灰渣层

　　灰渣层位于气化炉的下部，燃烧层下来的煤炭气化后的固体残渣，温度在 1500℃ 左右。氧和过热蒸汽混合后进入气化炉，通过炉算均匀分布到灰渣层中，被离开燃烧层的高温灰渣预热到 1000℃ 以上，而灰渣被冷却到 400～500℃，排入灰锁。

　　煤灰堆积在炉底的气体分布板上，其作用为：由于灰渣结构疏松并含有许多孔隙，对气

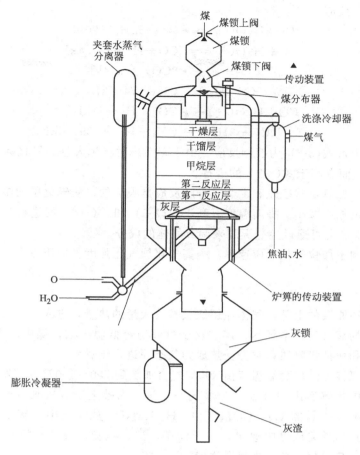

图 3-22　鲁奇炉内料层分布情况

化剂在炉内的均匀分布有一定的好处；煤灰的温度比刚入炉的气化剂温度高，可使气化剂预热；灰层上面的氧化层温度很高，有了灰层的保护，避免了和气体分布板的直接接触，故能起到保护分布板的作用。

2. **第一反应层**（燃烧层）

被灰渣预热的高温气化剂进入燃料层，首先是气化剂中的氧与未气化的碳燃烧，为还原反应提供热量。

$$C+O_2 \longrightarrow CO_2+393.7kJ \tag{3-1}$$

$$2C+O_2 \rightleftharpoons 2CO+220.9kJ \tag{3-2}$$

在以上两个反应中，式（3-1）是主要的。燃烧反应放出大量的热，将气化剂加热到 $1200\sim1500℃$，以供气化反应之需。第一反应层是床层中温度最高的区域。为了防止燃烧层发生结渣现象，必须通入过量的蒸汽，因而气化过程蒸汽分解率较低，一般为 $35\%\sim40\%$。

3. **气化层**（又称还原层）

第一反应层上面是第二反应层和甲烷层，赤热的炭具有很强的夺取水蒸气和二氧化碳中的氧而与之化合的能力，水（当气化剂中用蒸汽时）或二氧化碳发生还原反应而生成相应的氧气和一氧化碳，还原层也因此而得名。

气化层内的温度约为 $850℃$，燃料和来自燃烧层的气体（主要成分是水蒸气和二氧化碳）主要发生以下反应。

$$C+2H_2O(气) \longrightarrow CO_2+2H_2-90kJ \qquad (3-3)$$

$$C+H_2O(气) \Longleftrightarrow CO+H_2-131.4kJ \qquad (3-4)$$

$$CO_2+C \longrightarrow 2CO-172.4kJ \qquad (3-5)$$

$$C+2H_2 \longrightarrow CH_4+74.9kJ \qquad (3-6)$$

$$CO+H_2O(气) \longrightarrow CO_2+H_2+41kJ \qquad (3-7)$$

$$CO+3H_2 \longrightarrow CH_4+H_2O+394.6kJ \qquad (3-8)$$

在上述反应中，式(3-3)为控制反应。由于碳燃烧时产生大量二氧化碳，所以不利于反应(3-3)的进行，而有利于式(3-2)的进行。

在气化层中，二氧化碳还原和水蒸气分解反应是吸热的，使气化层的温度自下而上迅速下降，反应速率也相应减小。提高温度有利于式(3-3)和式(3-4)的进行，但对式(3-6)和式(3-7)不利，生产上可通过控制温度来调节气体的成分。

加压气化有利于加快气化反应速率，提高气化炉气化强度。加压更有利于式(3-6)和式(3-7)的进行。

4. 干馏层

干馏层位于还原层的上部，气体在还原层释放大量的热量，进入干馏层时温度已经不太高了，气化剂中的氧气已基本耗尽，煤在这个过程历经低温干馏，煤中的挥发分发生裂解，产生甲烷、烯烃和焦油等物质，它们受热成为气态而进入干燥层。

在干馏层，煤被上升的高温煤气由300℃左右加热到700～800℃。挥发分、焦油、甲烷及其他烃类从煤中热解逸出并吸收上升煤气的热量。煤被上升煤气加热到300～600℃时，煤开始软化，焦油和少量的H_2、CO_2、CO、H_2S、NH_3从煤气中分解出来。350～550℃时CH_4和C_2以上的烃类从煤中逸出，在干馏层，酚、吡啶、萘等有机物也形成并分解出来。干馏过程是吸热过程，热量来自燃烧层。

5. 干燥层

干燥层位于燃料层的最上面，上升的热煤气与刚入炉的燃料在这一区域相遇并进行换热，燃料中的水分受热蒸发。干燥区的高度与其水分含量有关，一般地，其水分含量较大，该区高度较大，如果煤中水分含量较小，干燥区的高度就小。干燥层加入气化炉的煤，被煤气逐渐加热到200～300℃，煤的表面水和吸附水分逐步被蒸发出来。

 阅读材料

常压块煤气化过程

常压块煤气化的过程是在气化炉内，整个气化过程是在常压下进行的，煤分阶段装入，随着反应时间的延长，燃料逐渐下移，经过干燥、干馏、还原和氧化等各个阶段，最后以灰渣的形式不断排出，而后补加新的燃料，在此过程中，产生粗煤气。

煤的干燥升温曲线

水分变化过程大致分为三个阶段，在干燥层的升温曲线如图3-23所示。

第一阶段（图3-23中Ⅰ），煤中的水分分为外在水分和内在水分，在干燥层的上部，上升的热煤气使煤受热，首先使煤表面的润湿水分即外在水分汽化，这时煤微孔内的吸附水即内在水分同时被加热。随燃料下移温度继续升高。

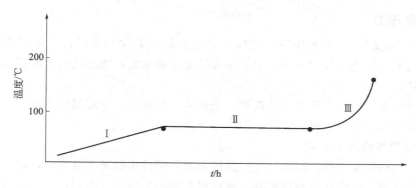

图 3-23 燃料在干燥层的升温曲线

第二阶段（图 3-23 中 Ⅱ），煤移动到干燥层的中部，煤表面的外在水分已基本蒸发干净，微孔中的内在水分保持较长时间，温度变化不大，继续汽化，直至水分全部蒸发干净，温度才继续上升，燃料被彻底干燥。

第三阶段（图 3-23 中 Ⅲ），燃料移动到干燥层的下部时，水分已全部汽化，此时不需要大量的汽化热，上升的热气流主要是来预热煤料，同时煤中吸附的一些气体如二氧化碳等逸出。

灰渣层的控制方法

根据煤灰分量的多少和炉子的气化能力制定合适的清灰操作；灰渣层一般控制在100～400mm 较为合适，视具体情况而定；如果人工清灰，要多次少清，即清灰的次数要多而每次清灰的数量要少，自动连续出灰效果要比人工清灰好；清灰太少，灰渣层加厚，氧化层和还原层相对减少，将影响气化反应的正常进行，增加炉内的阻力；清灰太多，灰渣层变薄，造成炉层波动，影响煤气质量和气化能力，容易出现灰渣熔化烧结，影响正常生产。

灰渣层温度较低，灰中的残炭较少，所以灰渣层中基本不发生化学反应。

 能力拓展

1. 请运用网络、教材、参考书等渠道，查阅常压移动床技术为什么目前属于落后技术，被新的煤气化技术取代？

2. 分组讨论气化炉内，由上而下，温度有何变化？

3. 分组讨论温度高低和煤的转化率有何关系？

4. 指认图 3-22 中鲁奇炉内料层分布名称。

5. 小组讨论煤由鲁奇炉顶部加入炉内至变为灰渣被排出，期间发生的变化？

6. 制取原料气主要在哪个区域，为什么？

7. 对比移动床常压和加压气化原理，找出其异同点，并整理成图文资料。

分任务 2 碎煤加压气化的工艺条件选择

 想想看

我们知道了碎煤加压气化的过程和原理，在什么样的工艺条件下进行操作，才能使煤气的产量高、质量优呢？

一、气化压力

和常压气化比较，煤在加压下气化时，燃料中的碳直接与氢反应生成甲烷，在900～1000℃的低温下容易进行气化反应；甲烷生成反应是放热的，使系统热量的需求量和氧气的需求量大大降低。

气化时的操作压力是气化工艺过程的一个重要控制指标，它对煤气的产量、质量、热值等各项消耗指标都有重要的影响。

1. 压力对煤气组成的影响

根据化学反应平衡规律，提高气化炉的压力有助于分子数减小的反应，而不利于分子数增大或不变的反应。由煤气化原理可知，高压对生成甲烷的反应有利，对生成氢气及一氧化碳的反应不利。如图3-24所示。

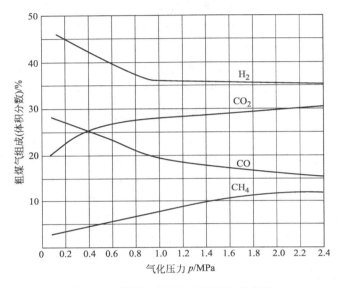

图3-24　粗煤气组成和气化压力的关系

2. 压力对氧气消耗量的影响

加压气化过程随压力的增大，甲烷的生成反应增加，由该反应提供给气化过程的热量亦增加。这样由碳燃烧提供的热量相对减少，因而氧气的消耗亦减少。例如，生产一定热值的煤气时，在1.96MPa下，氧气的消耗量为常压的1/3～1/2。

3. 压力对蒸汽消耗量的影响

加压蒸汽的消耗量比常压蒸汽的消耗量高2.5～3倍，原因有几个方面。一是加压时随甲烷的生成量增加，所消耗的氢气量增加，而氢气主要来源于水蒸气的分解。从上面的化学反应可知，加压气化不利于水蒸气的分解，因而只有通过增加水蒸气的加入量提高水蒸气的绝对分解量，来满足甲烷生成反应对氢气的需求。另一方面，在实际生产中，控制炉温是通过水蒸气的加入量来实现的，这也加剧了蒸汽消耗。

4. 压力对气化炉生产能力的影响

经过计算，加压气化炉的生产能力比常压气化炉的生产能力高几倍，例如，气化压力在2.5MPa左右时，其气化强度比常压气化炉约高4～5倍。

加压下气体密度大，气化反应的速率加快有助于生产能力的提高。加压气化的气固接触时间长。一般加压气化料层高度较常压的大，因而加压气化具有较大的气固接触时间，这有利于碳的转化率的提高，使得生成的煤气质量较好。

5. 压力对煤气产率的影响

对煤气产率的影响如图 3-25 所示。

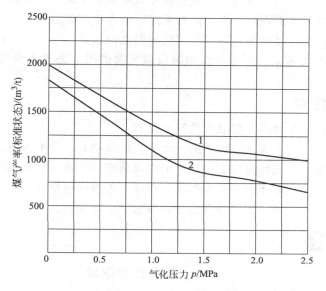

图 3-25　气化压力对煤气产率的影响（褐煤）

1—粗煤气；2—净煤气

由图中可以看出，随着压力的提高，粗煤气的产率是下降的，净煤气的产率下降得更快。这是由于气化过程的主要反应中，如 $C+H_2O \rightleftharpoons H_2+CO$ 以及 $C+CO_2 \rightleftharpoons 2CO$ 等都是分子数增大的反应，提高气化压力，气化反应将向分子数减小的方向进行，即不利于氢气和一氧化碳的生成，因此煤气的产率是降低的。而加压使二氧化碳的含量增加，经过脱除二氧化碳后的净煤气的产率却下降。

综上所述，提高压力对气化的影响有：气化反应速率加快，气化强度增加；煤气中的甲烷和二氧化碳含量增加，煤气的热量提高，对生产城市煤气有利；生成气中甲烷量增多，煤气总体积减小，煤气产率下降；碳燃烧反应的耗氧量下降；水蒸气消耗量增多；节省动力消耗。

综合考虑，加压对煤的气化是有利的，特别是生产燃烧气（如城市煤气），因为它的甲烷含量高。但加压气化对设备的要求较高，同时不同的煤种也有相适宜的气化压力，一般泥煤为 1.57～1.96MPa，褐煤为 1.77～2.16MPa，不黏结性烟煤为 1.96～2.35MPa，黏结性烟煤、年老烟煤和焦炭均为 2.16～2.55MPa，无烟煤为 2.35～2.75MPa。

加压气化易生成甲烷，故对于生产合成气来讲，加压气化是不利的。生产上采用挥发分低的原料，如年老的烟煤、无烟煤以及焦炭，并采用低压、较高的操作温度和通入适当的气化剂等措施来获得较多的氢气和一氧化碳气体。另一种方法是在炉外将甲烷进行转化以制得氢气和一氧化碳，但此方案的流程和操作都比较复杂。

气化压力的选择必须根据工艺和经济两方面综合考虑，目前气化压力一般为 2.4～3.1MPa。

二、气化层的温度

温度是影响气化过程的主要因素。温度升高，加快气化反应的速率，有利于气化反应的进行，降低蒸汽消耗，提高蒸汽分解率和设备的生产能力；气化温度降低，有利于放热反应的进行，水蒸气的分解反应，煤气中一氧化碳和氢的含量增高，而甲烷含量下降。

甲烷的生成反应是放热反应，因而降低温度有利于甲烷的生成。但温度太低，化学反应的速率减慢。通常，生产城市煤气时，气化层的温度范围在 $950 \sim 1050℃$；生产合成原料气时，可以提高到 $1150℃$ 左右。影响反应层温度最主要的因素是通入炉中气化剂的组成即汽氧比，汽氧比下降，温度上升。

三、汽氧比的选择

汽氧比是指气化剂中水蒸气和氧气的组成比例。

汽氧比是加压气化生产煤气过程中的一个重要操作参数，调整汽氧比实质上就是调整和控制气化过程的温度。汽氧比的改变对煤气组成与副产品产量、质量都有重要的影响。对于同一煤种，气化过程的汽氧比有一变动范围，在这一范围内调整汽氧比可以使气化炉处于最佳的运行工况，并可得到较理想的煤气成分，有利于后续生产。

 阅读材料

汽氧比的选择

在实际生产中必须考虑保证在鲁奇炉排渣过程中灰不熔融结成大渣块和气化效率，使鲁奇炉内反应层的温度必须保证在一定的范围内。通常，变质程度深的煤种，采用较小的汽氧比，能适当提高气化炉内的温度，以提高生产能力。加压气化炉在生产城市煤气对各种煤的汽氧比（kg/m^3）大致范围是：褐煤 $6 \sim 8$；烟煤 $5 \sim 7$；无烟煤和焦炭 $4.5 \sim 6$。

 能力拓展

1. 你能利用化学反应方程式分析说明压力、温度对气化的影响吗？
2. 分组讨论如何根据煤气的用途来选择气化压力。

分任务3 识读碎煤加压气化工艺流程

 想想看

你能总结出碎煤加压气化的特点吗？煤气化工艺过程包含哪三个基本部分？你能识读典型碎煤加压气化工艺流程吗？

我国鲁奇碎煤加压气化炉于 20 世纪 50 年代主要用于气化褐煤生产合成氨原料气，20世纪 70 年代后期到 20 世纪末，自国外引进了几套气化炉，用于生产合成氨原料气、城市煤气，主要原料煤种为长焰煤、贫瘦煤。碎煤加压气化目前在我国国民经济中占有非常重要的地位。

一、碎煤加压气化的特点及工艺过程

碎煤加压气化生产的城市煤气，热效率高，温度稳定，便于输送、易于调节和自动化。

碎煤加压气化生产化工原料气，几乎可以满足各种化工合成生产的要求，例如：合成甲烷，生产代用天然气，生产合成氨用的原料气；合成甲醇，进一步合成乙醇，乙醇脱水生成乙烯，甲醇和乙烯又是合成纤维、合成塑料、合成橡胶的基本有机化工原料；通过费托（Fischer-Tropsch）反应，一氧化碳和氢可转化为各种液体燃料、润滑剂、蜡、皂类、洗涤剂、醇类、醛类和酚类。碎煤加压气化可用于整体煤炭气化联合循环发电，属于高效洁净煤技术。

煤气的用途不同，其工艺流程的差别很大，但基本包括三个主要部分：煤的气化，粗煤气的净化，煤气组成的调整处理。气化炉出来的煤气称为粗煤气，净化后的煤气称为净煤气。煤气净化的目的是清除有害杂质，回收其中一些有价值的副产品，回收粗煤气中的显热。粗煤气中的杂质主要有固体粉尘及水蒸气、重质油组分、轻质油组分、各种含氧有机化合物（主要是酚类）、含氮化合物如氨和微量的一氧化氮、各种含硫化合物（主要是硫化氢）、煤气中的二氧化碳等。

能力训练

1. 煤气化的工艺流程基本包括三个主要部分：_____、_____和煤气组成的调整处理。

2. 粗煤气是指_____的煤气，净煤气是指_____的煤气。

3. 粗煤气中的杂质主要有_____、_____、_____等。

二、用于生产城市煤气并联产甲醇的工艺流程

阅读材料

鲁奇气化装置工艺流程

碎煤由煤斗经溜煤槽上的插板阀流入煤锁，煤锁内加满碎煤后（由射线料位计监测）被来自于废热锅炉出口的粗煤气充压至2.75MPa，然后打开下阀将煤加入气化炉。当煤锁的煤全部加入气化炉后，射线料位计报警煤锁空，再次开始加煤循环。加入炉内的煤经固定钟罩式煤分布器（兼有集气作用）与炉内壁的间隙流入炉内，依次经过炉内各反应层反应，产生的灰渣由炉箅排入灰锁。灰锁满后关闭下灰翻板阀与上阀，然后灰锁泄压。灰锁泄压为蒸汽直接泄压后再进行洗涤除尘。灰锁泄压至常压后打开翻板阀及下阀，灰渣经灰溜槽进入充满水的渣沟，再由刮式捞渣机送至皮带运输机送出界区。

气化剂由炉底侧向进入，由炉箅上的三层布气孔均匀分布，反应后产生的粗煤气（约550℃）进入固定钟罩内部空间，通过钟罩顶部管线进入文丘里洗涤冷却器，在此粗煤气被喷入的酚水骤冷至约210℃。然后进入废热锅炉。洗涤后的含尘酚水由洗涤冷却器底部排至酚水分离工号，进入酚水储槽。粗煤气经废热锅炉回收热量后送至变换工号，废热锅炉产生的低压蒸汽送入低压蒸汽管网，粗煤气的冷凝液由底部积水槽排至五台气化炉共用的酚水储槽，然后再用泵送至洗涤冷却器洗涤煤气。

能力训练

画出图 3-26 生产城市煤气并联产甲醇的工艺流程的方框图。

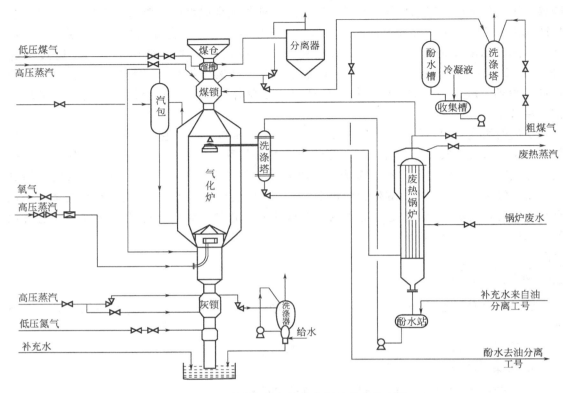

图 3-26　生产城市煤气并联产甲醇的工艺流程

三、整体煤炭气化联合循环发电工艺流程（IGCC）

整体煤炭气化联合循环发电工艺是煤在一定压力下气化，所产的清洁煤气经过燃烧，来驱动燃气轮机，又产生蒸汽来驱动蒸汽轮机联合发电的先进工艺。见图3-27。

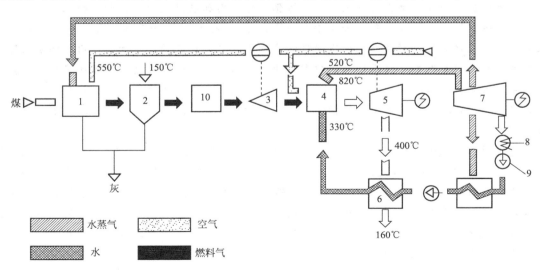

图 3-27　整体煤炭气化联合循环发电工艺流程（IGCC）

1—加压气化炉；2—洗涤除尘器；3—膨胀透平；4—正压锅炉；5—燃气轮机；6—加热器；

7—蒸汽轮机；8—冷凝器；9—泵；10—脱硫装置

 **阅读材料**

联合循环发电工艺流程

该工艺流程包括两大部分。第一部分是煤的气化、煤气的净化部分，主要设备有鲁奇气化炉、空分装置、煤气净化设备（包括硫的回收装置）。第二部分是燃气与蒸汽联合循环发电部分。主要设备有燃气轮机发电系统、蒸汽轮机发电系统、废热回收锅炉等。

第一部分煤的气化、煤气的净化部分的流程是鲁奇炉内，空气和水蒸气作为气化剂，煤和气化剂在 2MPa 的压力下发生气化反应，气化炉出口粗煤气的温度约 550℃ 左右。粗煤气经洗涤除尘器除去其中的部分焦油蒸气和固体颗粒，同时煤气的温度降到 160℃，并被水蒸气所饱和。煤气进一步经文丘里管冷却、降压、除尘后，进入膨胀透平压缩机，压力下降到 1MPa 左右，气化用的空气在此由 1MPa 被压缩到 2MPa 后送入气化炉。

第二部分燃气与蒸汽联合循环发电部分的流程是从透平压缩机来的煤气与空气透平压缩机一段来的空气在正压锅炉中燃烧，生产 520℃、13MPa 的高压水蒸气，煤气燃烧后产生 820℃ 左右的高压烟气，进入燃气轮机中膨胀，产生的动力用于驱动压缩机一段。正压锅炉所产的高温高压水蒸气带动蒸汽轮机发电机组发电，从蒸汽轮机抽出一部分蒸汽（压力约 2.5MPa）供加压气化炉用。从燃气轮机出来的烟气温度约 400℃，压力为常压，用于加热锅炉上水，锅炉上水的水温被提高到 330℃ 左右，排出的烟气温度约 160℃。

IGCC 技术既有高发电效率，又有极好的环保性能，是一种有发展前景的洁净煤利用技术。在目前的技术水平下，发电效率最高可达 45% 左右。污染物的排放量很低，仅为常规发电厂的 10% 左右，水的耗量只有常规电站的 1/3～1/2，利于环境保护。

 能力拓展

通过网络、参考书等渠道，查找带废热回收的气化装置工艺流程，并讨论。

任务3
认识鲁奇气化炉

你认识图 3-28 中的鲁奇气化炉吗？你知道鲁奇炉的结构名称及作用吗？你知道鲁奇炉附属设备的名称及作用吗？

鲁奇碎煤加压气化炉经过几十年的发展，已从最初的第一代直径为 2.6m 的气化炉发展到目前的第四代直径为 5.0m 的气化炉。气化炉的内径扩大，单炉产气能力提高，其他的附属设备也在不断改进。以下介绍目前世界上使用最为广泛的干法排渣鲁奇加压气化炉和鲁奇液态排渣气化炉。

图 3-28　鲁奇气化炉

一、固体排渣鲁奇加压气化炉

第三代加压气化炉（固体排渣鲁奇加压气化炉）是在第二代炉型上的改进，其型号为Mark-Ⅲ，是目前世界上使用最为广泛的一种炉型。其内径为 $\phi3.8m$，外径为 $\phi4.128m$，炉体高为 12.5m，气化炉操作压力为 3.05MPa。该炉生产能力强，炉内设有搅拌装置，可气化强黏结性烟煤外的大部分煤种。第三代加压气化炉如图 3-29 所示。

为了气化有一定黏结性的煤种，第三代气化炉在炉内上部设置了布煤器与搅拌器，它们安装在同一空心转轴上，其转速根据气化用煤的黏结性及气化炉生产负荷来调整，一般为10～20r/h，从煤锁加入的煤通过布煤器上的两个布煤孔进入炉腔内，平均每转布煤 15～20mm 厚，从煤锁下料口到煤锁之间的空间，约能储存 0.5h 气化炉用煤量，以缓冲煤锁在间歇充、泄压加煤过程中的气化炉连续供煤。

在炉内，搅拌器安装在布煤器的下面，其搅拌桨叶一般设有上、下两片桨叶。桨叶深入到煤层里的位置与煤的结焦性能有关，其位置深入到气化炉的干馏层，以破除干馏层形成的焦块。桨叶的材质采用耐热钢，其表面堆焊硬质合金，以提高桨叶的耐磨性能。桨叶和搅拌器、布煤器都为壳体结构，外供锅炉给水通过搅拌器、布煤器，从空心轴内中心管进入搅拌器最下底的桨叶进行冷却，然后再依次通过冷却上桨叶、布煤器，最后从空心轴与中心管间的空间返回夹套形成水循环。该锅炉水的冷却循环对布煤搅拌器的正常运行非常重要。因为搅拌桨叶处于高温区工作，水的冷却循环不正常将会使搅拌器及桨叶超温烧坏造成漏水，从而造成气化炉运行中断。

该炉型也可用于气化不黏结性煤种。此时，不设置布煤搅拌器，整个气化炉上部无传动机构，只保留煤锁下料口到炉腔的储煤空间，结构简单。

炉算分为五层，从下到上逐层叠合固定在底座上，顶盖呈锥形，炉算材质选用耐热、耐磨的铬锰合金钢铸造。炉算的传动采用液压电动机（采用变频电动机）传动，由于气化炉直径较大。为使炉算受力均匀，采用两台电动机对称布置。

第四代加压气化炉是在第三代的基础上加大了气化炉的直径（达 $\phi5m$），使单炉生产能力大为提高，其单炉产粗煤气量可达 7500m³/h（干气，标准状况下）以上。

二、液态排渣鲁奇炉

1984 年鲁奇公司和英国煤气公司在传统固态排渣气化炉的基础上，联合开发了 BGL 液态排渣鲁奇炉，该炉操作压力为 2.5～3.0MPa，气化温度在 1400～1600℃，超过了灰渣流动温度，灰渣呈液态形式排出。BGL 液态排渣鲁奇炉结构比传统的 Lurgi 炉简单，取消了转动炉箅，气化温度高，气化后灰渣呈熔融态排出，因而使气化炉的热效率与单炉的生产能力提高，煤气的成本降低。液态排渣鲁奇炉如图 3-30 所示。

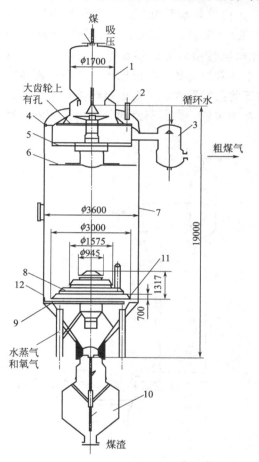

图 3-29　固体排渣鲁奇加压气化炉

1—煤箱；2—上部传动装置；3—喷冷器；

4—裙板；5—布煤器；6—搅拌器；

7—炉体；8—炉箅；9—炉箅传动装置；

10—灰箱；11—刮刀；12—保护板

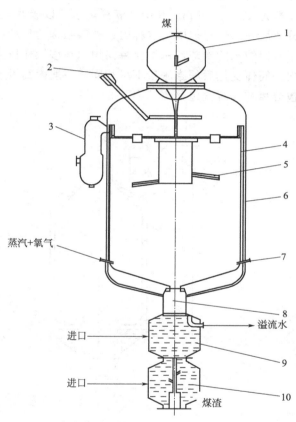

图 3-30　液态排渣鲁奇炉

1—煤箱；2—上部传动装置；3—喷冷器；

4—布煤器；5—搅拌器；6—炉体；7—喷嘴；

8—排渣口；9—熔渣急冷箱；10—灰箱

液态排渣气化炉上部设有布煤搅拌器，可气化加强黏结性的烟煤。气化剂（水蒸气＋氧气）由气化炉下部喷嘴喷入，气化时，灰渣在高于煤灰熔点（T_2）温度下呈熔融状态排出，熔渣快速通过气化炉底部出渣口流入急冷器，在此被水急冷而成固态炉渣，然后通过灰锁排出。

与固体排渣法相比较，液态排渣气化炉有以下特点：汽氧比低，气化层的反应温度高，

气化效率高，煤气中的 CO 含量较高，有利于生成合成气；碳的转化率增大，煤气中的可燃成分增加；水蒸气耗量低，

蒸汽分解率高，产生的废水少；气化强度大；生成煤气中的甲烷含量少；对气化炉体材料在高温下的耐磨、耐腐蚀性能要求高。

三、加压气化炉及附属设备构造

1. 炉体

（1）筒体 加压气化炉的炉体不论何种炉型均是一个双层筒体结构的反应器。其外筒体承受高压，一般设计压力为 3.6MPa；温度为 260℃；内筒体承受低压，即气化剂与煤气通过炉内料层的阻力，一般设计压力为 0.25MPa（外压），温度为 310℃。内、外筒体的间距一般为 40～100mm，其中充满锅炉水，以吸收气化反应传给内筒的热量产生蒸汽，经气液分离后并入气化剂中。这种内、外筒结构的目的在于尽管炉内各层的温度不一，但内筒体由于有锅炉水的冷却，基本保持锅炉水在该操作压力下的蒸发温度，不会因过热而损坏。由于内外筒体受热后的膨胀量不尽相同，一般内筒设有补偿装置。夹套蒸汽的分离也分为内置汽包分离和外置汽包分离，如图 3-31 所示。

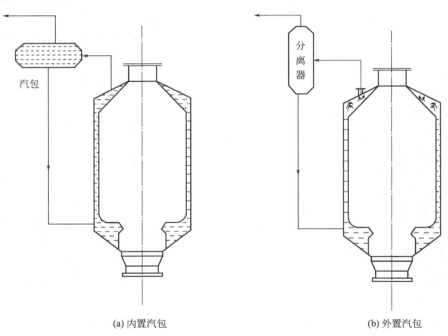

(a) 内置汽包　　　　　　　　　　　　　(b) 外置汽包

图 3-31　外置汽包与内置汽包

第二代气化炉一般外设有汽包，第三代气化炉以后不再设有汽包，而利用夹套上部空间进行分离。

（2）搅拌与布煤器 根据气化煤种的不同，在气化不黏结煤时炉内不设搅拌器，在气化自由膨胀指数大于 1 的煤种时要设搅拌器，以破除干馏层的焦块。一般在设置搅拌器的同时也设置转动的布煤器，它们连接为一体。由设在炉外的传动电动机带动。煤分布器与搅拌器的结构示意图见图 3-32。由于搅拌桨在高温条件下工作，为延长使用寿命，桨叶及空心轴采用锅炉水冷却，搅拌器选耐磨性材料。

（3）炉箅 设在气化炉的底部，它的主要作用是支撑炉内燃料层，均匀地将气化剂分布

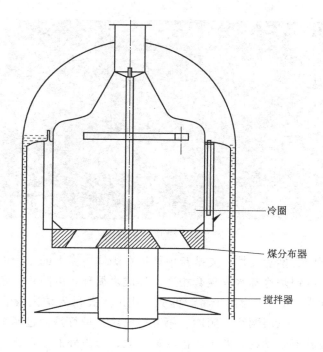

图 3-32　煤分布器、搅拌器和冷圈示意图

到气化炉横截面上，维持炉内各层的移动，将气化后的灰渣破碎并排出，所以炉算是保证气化炉正常连续生产的重要装置。

早期的鲁奇加压气化炉炉算为环形送风的平炉算，由于平炉算布气不均匀，灰渣中残碳含量高，并且仅能用于气化非黏结性煤，故而在后期的气化炉中已不再使用这种炉算，现在运行的装置在设计上（或经改造）大多采用宝塔形炉算。宝塔形炉算一般由四层依次重叠成梯锥状的炉算块及顶部风帽组成，共五层炉算，它们依次用螺栓固定在布气块上，如图 3-33、图 3-34 所示。

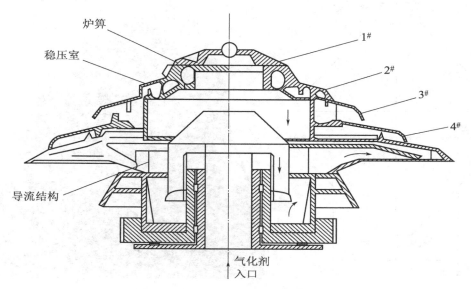

图 3-33　宝塔形炉算结构示意图

图 3-34　宝塔形炉箅图

炉箅整体由下部的支推盘支撑，支推盘由焊接在炉体内壳上的三个内通锅炉水的三角锥形筋板支撑，其内部的锅炉冷却水与夹套相通，形成水循环，以防止三角形支撑筋板过热变形。一般炉箅总高度为 1.2m，为便于将炉箅从气化炉上孔吊入炉内安装，除第一、第二层为整体外，其余分为：第三层两块，第四、第五层三块。炉箅是通过两个对称布置的小齿轮传动带动同一个大齿轮而转动的，两个小齿轮通过大轴与炉外的减速机连接。减速机由液压电动机（或变频电动机）带动。

2. 鲁奇炉煤锁

煤锁是用于向气化炉内间歇加煤的压力容器，它通过泄压、充压循环将存在于常压煤仓中的原料煤加入高压的气化炉内。以保证气化炉的连续生产。煤锁包括两部分：一部分是连接煤仓与煤锁的煤溜槽，它由控制加煤的阀门——溜槽阀及煤锁上锥阀组成，将煤加入煤锁；另一部分是煤锁及煤锁下阀，它将煤锁中的煤加入气化炉内。煤锁结构及外观如图 3-35 所示。

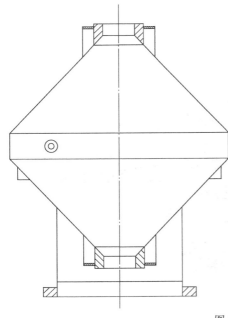

图 3-35　煤锁结构及外观

　　早期的气化炉煤锁溜槽多采用插板形阀来控制由煤仓加入煤锁的煤量，它的优点是结构简单。第三代以后的气化炉都已改为圆筒形溜槽阀，这种溜槽阀为一圆筒，两侧孔正好对准溜煤通道，煤就会通过上阀上部的圆筒流入煤锁。煤锁上阀阀杆上也固定有一个圆筒，它的直径比溜槽阀的圆筒小，两侧也开有溜煤孔。当上阀向下打开时，圆筒以外的煤锁空间流不到煤，当上阀提起关闭时，圆筒内的煤流入煤锁。这样只要溜煤槽在一个加煤循环时开一次，煤锁就不会充得过满，从而避免了仪表失误造成的煤锁过满而停炉。其工作示意图如图3-36所示。

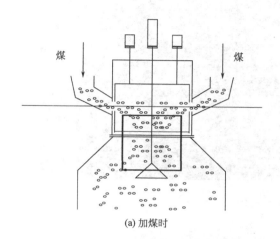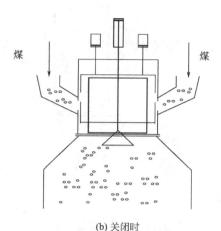

(a) 加煤时　　　　　　　　　　　　　　　　　　　　(b) 关闭时

图 3-36　圆筒阀

　　煤锁本体是一个承受交变载荷的压力容器，操作设计压力与气化炉相同，设计温度为200℃，材质为锅炉钢或普通低合金钢制作，壁厚一般在50mm以上。

3. 灰锁

　　灰锁是将气化炉炉算排出的灰渣通过升、降压间歇操作排出炉外，而保证了气化炉的连续运转。灰锁同煤锁都是承受交变载荷的压力容器，灰锁由于是储存气化后的高温灰渣，工作环境较为恶劣，所以一般灰锁设计温度为470℃，并且为了减少灰渣对灰锁内壁的磨损和腐蚀，一般在灰锁筒体内部都衬有一层钢板，以保护灰锁内壁，延长使用寿命。第三代炉灰锁结构如图 3-37 所示。

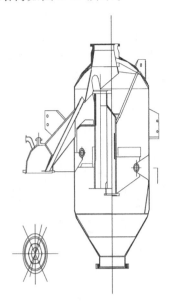

图 3-37　灰锁结构图

4. 灰锁膨胀冷凝器

灰锁膨胀冷凝器是第三代鲁奇炉专有的附属设备。它的作用是在灰锁泄压时将含有灰尘的灰锁蒸汽大部分冷凝、洗涤下来，一方面使泄压气量大幅度减少，另一方面保护了泄压阀门。它上部与灰锁用法兰连接，利用中心管与灰锁气相连通；下部设有进水口与排灰口，上部设泄压气体出口，正常操作时其中充满水。当灰锁泄压时，灰锁的蒸汽通过中心管进入膨胀冷凝器的水中，在此大部分灰尘被水洗涤、尘降，蒸汽被冷凝，剩余的不凝气体通过上部的泄压管线排至大气。膨胀冷凝器的设计压力、温度与灰锁相同，只是中心管的材质由于长期受灰蒸汽的冲刷需要采用耐磨性能较好的合金钢。灰锁膨胀冷凝器的结构如图 3-38 所示。

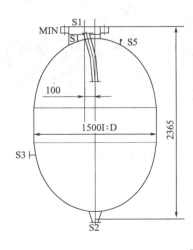

图 3-38　灰锁膨胀冷凝器

阅读材料

　　第一、第二代碎煤加压气化炉的灰锁没有设置膨胀冷凝器，它们的泄压是将灰锁的灰蒸汽直接通过泄压管线排出灰锁后，再进入一个常压的灰锁气洗涤器进行洗涤、除尘。这种结构主要的问题是灰锁气的泄压阀门与泄压管线由于长期受灰蒸汽的冲刷，使用寿命较短，需频繁更换泄压阀门，从而影响气化炉的正常运行。

 能力训练

　　说出图中和鲁奇炉相关的设备或部件的名称。

(a)

(b)

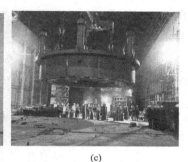
(c)

(d)

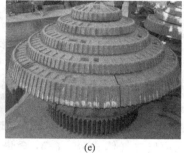
(e)

 知识拓展

　　小组讨论鲁奇固体排渣气化炉与液态排渣气化炉的异同点。

任务4
碎煤加压气化装置的操作

　　作为碎煤加压气化厂的一名员工，你知道如何对气化装置进行原始开车、加压气化炉的正常操作与调整及停车操作吗？

一、鲁奇加压气化的开车操作

气化炉的开车主要包括原始开车、短期停车后的开车。

1. 气化炉开车前系统的检查确认

(1) 强度和气密性检查 气密性实验是在低压下进行，实验压力为 0.5MPa，实验介质采用空气，气密性检查过程中，应在所有法兰连接处、阀门法兰及填料上仔细刷肥皂液进行检查，查找并消除漏点直至合格。

(2) 系统完整性检查 对炉体内部、煤锁、灰锁内部件的安装正确性进行检查，对外部按工艺流程进行管道走向、仪表、孔板等安装方向检查，保证其安装正确。

(3) 仪表功能检查 煤锁、灰锁各电磁阀遥控动作是否正常；各仪表调节阀及电动阀的动作与控制室是否对应；各指示仪表的调效、气化炉停车联锁功能是否正常；炉算的运转与调节是否正常。

(4) 机械性检查 主要检查运转设备的力学性能是否正常，如各液压阀门动作情况，液压泵站各泵、润滑油泵、灰蒸汽风机等运转设备是否正常。

2. 点火前的准备工作

(1) 建立废热锅炉底部煤气水位及洗涤循环。

(2) 打开废热锅炉低压蒸汽放空阀，向废锅的壳程充入锅炉水建立液位。

(3) 气化炉加煤：确认煤质合格后，向气化炉内加煤。

3. 气化炉点火及火层培养

蒸汽升温达到要求后即可进行点火操作。加压气化炉一般都采用空气点火，待工况稳定后再切换氧气操作。由于空气点火较为安全，所以大多数厂采用空气点火。

空气点火操作步骤如下。

(1) 确认点火条件，煤层加热升温约 3h；气化炉出口温度大于 100℃。

(2) 开启开工空气截止阀，关闭蒸汽流量调节阀。

(3) 缓慢开启开工流量调节阀，控制入炉空气流量为 1500m³/h（标准状况）。

(4) 用奥氏分析仪分析气化炉出口气体成分，CO_2 含量逐步升高，O_2 含量逐步下降说明火已点着。

(5) 当证实气化炉点火成功后，稍开启入炉蒸汽调节阀，向气化剂中配入少量的蒸汽，控制气化剂温度大于 150℃。

(6) 当气化炉出口煤气中 CO_2、O_2 含量基本稳定后，逐渐增大入炉空气量至 3000～4000m³/h（标准状况），同时相应增加入炉蒸汽量以维持气化剂温度。

(7) 启动炉算，以最低转速运行，使炉内布气均匀。

(8) 若设有冷、热开工火炬时，当气化炉出口煤气中氧含量小于 0.4%（体积）时，将煤气切换到热火炬放空，点燃火炬，维持空气运行约 4h 以培养火层。在此阶段应维持炉算低转速间断，否则将会使火层排入灰锁，破坏炉内的火层。

4. 气化炉的切氧、升压、并网送气

在空气运行正常后，气化炉内火层已均匀建立，即可将空气切换为氧气加蒸汽运行，然后缓慢升压、并网。

气化炉的切氧、升压、并网送气具体操作步骤如下。

(1) 确认切氧条件

①　夹套水液位、废热锅炉的锅炉水液位、废热锅炉底部煤气水液位均正常。

②　煤气水洗涤循环泵运行正常。

③　为煤、灰锁阀门提供动力的液压系统运行正常。

④　气化炉满料操作。

（2）切氧操作

①　将氧气盲板倒至通位，打开截止阀的旁路阀对盲板法兰进行试漏，此时氧气电动阀与氧气调节阀必须处于关闭位置。

②　确认煤锁、灰锁各阀门处于关闭状态，炉箅停止排灰。

③　关闭入炉蒸汽调节阀，若有泄漏则蒸汽电动阀也应关闭，然后延时 5min 再关闭入炉空气调节阀。

④　略微提高气化炉煤气压力调节器设定值（在自动控制状态），使煤气压力调节阀恰好关闭。

⑤　先打开蒸汽电动阀，再打开氧气电动阀，若氧气电动阀打开后氧气调节阀有泄漏，或先关闭氧气电动阀，待通入蒸汽有流量后再打开。

⑥　缓慢打开蒸汽调节阀，调节蒸汽流量至约 5t/h，然后打开氧气调节阀，尽可能以较高的汽氧比通入氧气量，以避免氧过量造成气化炉结渣。仔细观察气化炉煤气压力调节阀应在通入氧气后几秒内打开，否则气化炉要停车。

⑦　用奥氏分析仪连续取样分析煤气成分，煤气中 CO_2 应小于 40%（体积），O_2 应小于 1%（体积），否则气化炉要停车。

⑧　煤气成分稳定后适当增加入炉蒸汽量和氧气量，在调整时要先增加蒸汽流量再增加氧气流量。继续分析煤气成分，调整汽氧比，使煤气中的 CO_2 含量接近设计值。

（3）气化炉升压操作

①　将开车空气盲板倒至盲位。

②　通过缓慢提高气化炉煤气压力调节器的设定值，将气化炉升压至 1.0MPa。升压过程应该缓慢进行，升压速率应小于 50kPa/min。

③　气化炉升压至 1.0MPa 后，稳定该压力，煤锁、灰锁进行加煤、排灰操作，同时检查气化炉及相应管道、设备所有法兰，并进行全面热态紧固。

④　气化炉再次升压至 2.1MPa，将废热锅炉煤气水的排出由开工管线切换为正常管线。检查气化炉所有的法兰是否严密。

⑤　气化炉再次升压至与煤气总管压力基本平衡，准备并网送气。

（4）气化炉并网送气　逐渐关闭煤气到火炬的电动阀，当气化炉压力高于煤气总管压力 50kPa 时，打开煤气到总管的电动阀，全关火炬气电动阀，气化炉煤气并入总管。

（5）增加气化炉负荷至设计值的 50%（以氧气计），将入炉蒸汽与氧气流量调节阀投入自动控制，逐步调整汽氧比至设计值（以灰锁排出灰中无熔融渣块为参考），然后将蒸汽与氧气流量投入比值调节。

二、气化炉的停车

1. 压力热备炉的停车

关闭入炉蒸汽、氧气调节阀，特别注意要先关氧气再关蒸汽；关闭氧气、蒸汽管线上的电动阀；关闭气化炉连接煤气总管的电动阀，与总管隔离，将气化炉压力调节阀关闭。开火炬放空电动阀少许，以防止气化炉超压；停止炉箅转动，关闭煤锁、灰锁各阀门。

2. 常压热备炉的停车

按压力热备停车后继续进行以下步骤：关闭氧气、蒸汽管线的手动截止阀；将氧气管线上的盲板倒至盲位；将气化炉压力调节阀投自动，打开气化炉通往火炬的卸压阀，气化炉开始卸压。卸压速率小于 50kPa/min。卸压过程应注意夹套液位稳定，应及时补水以防夹套干锅；压力卸至 0.15MPa 时可全开火炬电动阀；压力卸至常压后，打开夹套放空阀。转动炉箅少量排灰，然后停炉箅，关灰锁上、下阀。

三、加压气化炉的正常操作与调整

加压气化在正常生产过程中通过工艺调整，维持正常的气化反应过程是极为重要的，工作人员应严格按设计的工艺指标，准确及时地发现不正常现象，通过调整汽氧比、负荷、压力、温度等各种工艺参数，确保气化炉的正常稳定运行。

1. 气化炉生产负荷的调整

当气化炉需要加负荷时应首先检查原料煤的粒度、火层位置及温度、灰渣的状态及残炭含量是否正常并保证有足够的蒸汽和氧气供应的条件下进行以下调整。

（1）入炉蒸汽与氧气流量、比值调节在自动状态，缓慢提高负荷调节器设定值。提高负荷应分阶段逐步增加，每次增加氧气量不超过 200 m^3/h（标准状况），增加氧气量不应超过 1000m^3/h（标准状况）；若以手动控制方式加负荷应先加蒸汽量，后加氧气量。

（2）相应提高炉箅转速（若气化炉设有转动布煤器，也应相应提高转速），使加煤、排灰量与负荷相匹配。

（3）检查气化炉床层压差及炉箅扭矩的变化情况。

（4）分析煤气成分，确认加负荷后工艺指标仍在控制范围内。气化炉的生产负荷调节范围较宽，最大可达设计满负荷的 150%（以入炉氧气流量计）。根据运行经验，气化炉负荷一般应控制在 85%～120%，最低负荷一般不得低于 50%。

2. 汽氧比的调整

汽氧比是气化炉正常操作的重要调整参数之一。调整汽氧比，实际上是调整炉内火层的反应温度，气化炉出口煤气成分也随之改变。

改变汽氧比的主要依据如下。

（1）气化炉排出灰渣的状态即颜色、粒度、含碳量。灰中渣块较大、渣量多说明火层温度过高，汽氧比偏低；灰中有大量残炭、细灰量较多无熔渣说明火层温度过低，汽氧比偏高。

（2）原料煤的灰熔点。在灰熔点允许的情况下，汽氧比应尽可能降低，以提高反应层温度。煤中灰熔点发生变化时应及时调整汽氧比。

（3）煤气中 CO_2 含量。煤气中 CO_2 含量的变化对汽氧比变化最敏感，在煤种相对稳定的情况下，煤气中 CO_2 含量超出设计范围应及时进行调整。由于汽氧比的调整对气化过程影响较大，稍有不慎将会造成炉内结渣或灰细，严重时会烧坏炉箅，所以，汽氧比的调整要小心谨慎，幅度要小，并且每次调整后要分析煤气成分及观察灰的状况。氧气纯度发生变化时汽氧比也应相应进行调整。

3. 气化炉火层位置控制

炉内火层位置的控制非常重要。判断火层具体位置应根据气化炉工艺指标与经验综合而定。火层过高（即火层上移）使气化层缩短，煤气质量发生变化，严重时会造成氧穿透，即煤气中氧含量超标，导致事故发生；火层过低则会烧坏炉箅等炉内件。火层的控制主要通过调整炉箅转速、控制炉顶温度与灰锁温度（即炉底温度）来实现。

火层位置控制应综合炉顶与灰锁温度来调整。

（1）炉顶温度升高，灰锁温度降低时，应提高炉箅转速，加大排灰量，使炉箅转速与气化炉负荷相匹配。

（2）炉顶温度下降，灰锁温度升高时，应降低炉箅转速，减小排灰量。

（3）炉顶温度与灰锁温度同时升高时，说明炉内产生沟流现象，按处理沟流现象的方法进行调整。

4. 灰锁操作

灰锁操作对气化炉的正常运行影响较大。操作中应注意灰锁上、下阀严密性。灰锁上、下阀能否正确关闭严密是灰锁操作的关键。一般关闭时应重复开、关几次，听到清脆的金属撞击声时说明已关严。

灰锁排灰循环步骤如下。

（1）灰锁上阀开启，下阀关闭，灰锁压力与气化炉内压力相等，连续转动炉箅将灰由炉内排入灰锁。

（2）当灰锁充满灰时，炉箅停止转动，灰锁上阀关紧后，炉箅重新转动。

（3）打开膨胀冷凝器的膨胀阀，降低灰锁压力，膨胀冷凝器内充满冷却水，灰锁的蒸汽进入膨胀冷凝器内冷凝。

（4）当灰锁压力降到常压（或稍高于大气压），膨胀冷凝器中水通过底阀排放。

（5）灰锁下阀打开，灰落入灰斗，灰被灭熄后由螺旋输送机送至灰处理系统，在熄火期间产生的蒸汽由鼓风机排出。

（6）将冷却水充满膨胀冷凝器，此时冷凝器排气阀及膨胀阀关闭。

（7）关闭灰锁下阀，用过热蒸汽充压。

（8）打开灰锁上阀，循环重复开始。

灰锁排灰周期取决于生产负荷及煤中灰含量。一般每小时排灰一次。

5. 灰锁膨胀冷凝器的冲洗与充水

对于灰锁设有膨胀冷凝器的气化炉，其充水与冲洗的正确操作很重要。灰锁泄压后，应按规定时间对膨胀冷凝器底部进行冲洗，以防止灰尘堵塞灰锁泄压中心管。冲洗完毕后应将膨胀冷凝器充水至满液位，充水时应注意正确掌握冲洗与充水量，以保证灰锁的正常工作。

6. 煤锁操作

（1）煤锁上、下阀的严密性试验。

（2）煤溜槽阀的开、关。操作中要注意：在一个加煤循环中，煤溜槽阀只能开一次，以防止多次开关将上阀动作空间充满煤后造成上阀无法关严，而影响气化炉的运行。

 阅读材料

鲁奇加压连续气化操作注意事项

碎煤加压气化炉的生产是高温、高压、具有化学反应的过程，其产品粗煤气易燃、易爆，并含有易使人中毒的一氧化碳、氢气、甲烷等。

气化炉所设置的压力、温度、液位、压差、温差等联锁，其值不得随意更改，联锁的投用与旁置须按规定执行，岗位应做好记录并作为交接班内容。工艺技术人员至少应每周检查一次联锁投用状况并做好记录。

　　气化剂中的氧气为纯氧，对于氧气管道，应防止油污、粉尘进入。

　　当气化炉夹套、废锅给水、废锅集水槽液位高，需要外排或定期排污时，防止高温水烫伤。

　　当倒盲板时，发现有煤气泄漏又必须进行工作时，要戴好防毒面具，并有人监护。处理煤溜槽堵塞时，要戴好防毒面具。

　　煤锁上阀，灰锁下阀，泄不到规定压力不许打开。

 能力拓展

　　1. 请利用网络、教材、参考书等，查阅鲁奇加压连续气化操作过程工业卫生及环境保护要求，并整理成文字资料，进行展示。

　　2. 请利用网络、教材、参考书等，查阅碎煤加压气化装置操作不正常现象判断及故障处理方法。

水煤浆加压气化过程

🎯 学习目标

1. 能查找相关资料，了解水煤浆制备的原料煤种类，影响因素，了解水煤浆的质量对气化的影响。

2. 会描述水煤浆加压气化的流程即生产过程。

3. 会描述水煤浆加压气化的主要设备的结构、作用、工作原理，会操作主要生产设备。

4. 能与他人合作，进行有效沟通交流。

5. 能主动获取有效信息，展示工作成果，对学习与工作进行总结和反思。

6. 能运用网络、教材、参考书等渠道，查找化工生产工艺等知识。

任务1
水煤浆的制备

分任务 1　识读水煤浆的制备工艺流程

你见过图 4-1 中的水煤浆吗？水煤浆是什么状态的？水煤浆是溶液吗？水煤浆会沉淀吗？

图 4-1　水煤浆状态图

图 4-2 是水煤浆的制备工艺流程示意图，你能根据该图简述水煤浆的生产过程吗？

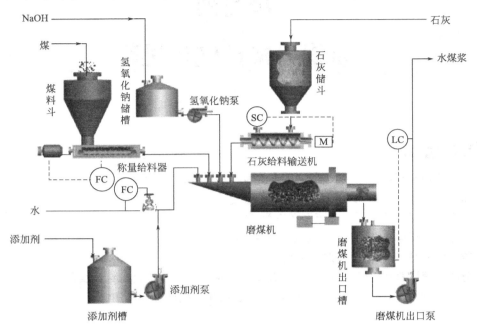

图 4-2　水煤浆制备工艺流程示意图

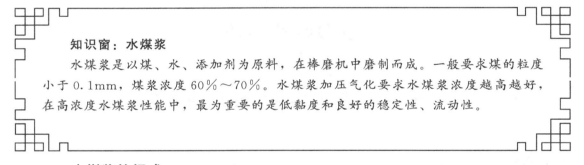

知识窗：水煤浆

水煤浆是以煤、水、添加剂为原料，在棒磨机中磨制而成。一般要求煤的粒度小于 0.1mm，煤浆浓度 60%～70%。水煤浆加压气化要求水煤浆浓度越高越好，在高浓度水煤浆性能中，最为重要的是低黏度和良好的稳定性、流动性。

一、水煤浆的组成

水煤浆制备工段的主要任务是以粒度不均的原料碎煤（＜25mm）、水、添加剂为原料，在棒磨机中通过研磨加工成为粒度小于 0.1mm、浓度为 60%～70% 的水煤浆，为气化岗位提供合格的原料。

水煤浆的组成成分大体如图 4-3 所示：煤粉含量为 60%～70%、水分含量为 29%～39%、各类助剂含量为 1% 左右。

二、影响水煤浆浓度高低的因素

水煤浆浓度的高低，直接影响到德士古装置的消耗（主要是氧耗和煤耗），进而影响到合成气及后续产品的成本。一般要求煤浆浓度大于 60% 以上，煤浆浓度越高，生产单位有效气的比氧耗与比煤耗越低，冷煤气效率越高。因此，从气化生产要求上要做出高浓度水煤浆，但煤浆的成浆性能与多种因素有关。

1. 煤的性质

煤的变质程度、岩相组成、灰分组成及内在水分含量等对水煤浆的浓度都有影响，其中

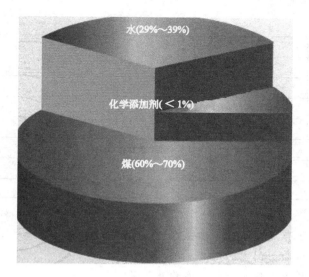

图 4-3　水煤浆的组成

煤的内在水分含量，是影响水煤浆浓度的关键因素。煤的内在水分含量越低，制成的水煤浆黏度越小，流动性能也越好，因而可以制成浓度较高的水煤浆。反之，煤的内在水分含量高制成的水煤浆黏度大，流动性能差，因而只能制成低浓度的水煤浆。因此煤的内在水分含量应愈低愈好，一般要求不超过10％。内在水分含量高的煤不能用作制备水煤浆的原料。煤的其他性能对水煤浆浓度的影响不太明显。

2. 煤的粒度及其分布

水煤浆气化属于高温气流式反应，即煤粒在气流中与气化剂迅速反应，生成水煤气，因此煤粉粒度对气化效率影响很大。煤粒小，与气化剂接触面积大，反应速率快，碳的转化率高，所以煤粒越小，对气化反应越有利。但是煤粉粒度过细，水煤浆的黏度反而增大，流动性变差，无法制备浓度较高的水煤浆。

在实际生产中，煤粉粒度及分布，既要满足气化反应的需要，又要满足水煤浆制备的需要。据试验证明，当煤粉中有50％小于200目筛时，可同时满足上述要求。

3. 添加剂

在实际生产中，主要利用添加剂提高水煤浆的成浆浓度，同时降低煤浆的黏度，提高其流动性。

添加剂的主要作用在于改变煤颗粒的表面性质，促使颗粒在水中分散，使浆体有良好的流变特性和稳定性（增加煤粒的亲水性，使煤粒表面形成一层水膜，从而容易引起相对运动），提高煤浆的流动性，此外，还要借助添加剂调节煤浆的酸碱度，消除有害因素（如气泡、有害成分等）。

在水煤浆制备过程中，加入木质素磺酸钠、腐植酸钠、硅酸钠或造纸废液等称为添加剂的物质，可以明显降低水煤浆的黏度，改善流动性和稳定性，从而提高水煤浆的浓度。

添加剂的种类和加入量，与煤种、水煤浆浓度、粒度等因素有关，通常要通过试验决定。添加剂的加入量，一般为干煤量的1％左右。在生产中，可以单独加入一种添加剂，也可两种或两种以上添加剂混合使用。

三、水煤浆技术指标

水煤浆加压气化生产中，水煤浆技术指标见表4-1。

表4-1 水煤浆技术指标

项　　目	指　　标
灰分	≤10％
平均粒度	50μm
浓度	70％　水煤浆低位发热量5000kal/kg
表面黏度	(1.2±0.2)Pa·s
流变特性	具有屈服值,为假塑性流体;并且具有触变性
稳定性	静止存放三个月不发生硬性沉淀

知识回顾：工艺流程图识读步骤

一、看标题栏和图例中的说明
二、掌握系统中设备的数量、名称及位号
三、了解主要物料的工艺施工流程线
四、了解其他物料的工艺施工流程线

能力训练

观察图4-4水煤浆制备工艺流程图，简要回答下列问题。

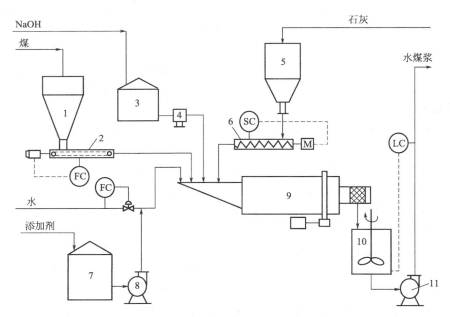

图4-4　水煤浆制备工艺流程图

1—煤料斗；2—称量给料器；3—氢氧化钠储槽；4—氢氧化钠泵；5—石灰储斗；

6—石灰给料输送机；7—添加剂槽；8—添加剂泵；9—磨煤机；

10—磨煤机出口槽；11—磨煤机出口槽泵

1. 该图是否有标题栏和图例说明_____。

2. 该图中的主要设备有多少台_____，将名称、位号填写下表中。

序　号	设备名称	位　号

3. 水煤浆制备流程中主要物料管线_____。

4. 次物料的管线包括_____。

5. 主要的控制点有_____

FC、SC、LC 代表含义分别是_____。

 阅读材料

水煤浆制备工艺流程

水煤浆制备的任务是为气化过程提供符合质量要求的水煤浆，其主要生产过程如下。

① 煤料斗1中的原料煤，经称量给料器2加入磨煤机中。

② 同时按比例向磨煤机中加入一定量的软水，用添加剂泵8将一定量的添加剂也加到磨煤机内，煤在磨煤机内与水、添加剂混合，被湿磨成高浓度的水煤浆。加入添加剂的目的是降低水煤浆的黏度，提高水煤浆稳定性。

③ 来自氢氧化钠储槽3中的氢氧化钠溶液，用泵加到磨煤机，将水煤浆的pH值调节到7～8。

④ 石灰由储斗5经给料输送机6，送入磨煤机。加入助熔剂石灰的目的是降低煤的灰熔点。

⑤ 磨煤机制备好的水煤浆，经过滤除去大颗粒料粒，流入磨煤机出口槽10。

⑥ 再经磨煤机出口槽泵11，送到气化炉。磨煤机出口槽设有搅拌器。

 知识拓展

添加剂的种类和作用

根据作用不同，可将添加剂分为分散剂、稳定剂和助剂三大类，其中前两种最为重要。表4-2列出了添加剂的作用和举例。

表 4-2　添加剂的作用和举例

添加剂的种类	添加剂作用	添加剂举例
分散剂	改变煤表面的亲水性，降低煤水界面张力，使煤粒充分润湿和均匀分散在少量水中	磺酸盐、萘磺酸盐、磺化腐植酸盐、磺化木质素、石油磺酸盐及磺化沥青、聚氧乙烯链或再配以少许磺酸基等
稳定剂	使煤颗粒稳定悬浮在水中，不发生硬沉淀	各种可溶性盐类、高分子表面活性剂、纤维素、聚丙烯酸盐等
助熔剂	降低煤的灰熔点	石灰石
pH值调节	控制在7～9	烧碱

能力训练

1. 请运用网络、教材、参考书等渠道，查阅水煤浆制备工艺操作规程。
2. 如何防止水煤浆发生沉淀？
3. 到当地的一家水煤浆加压气化企业，了解该企业水煤浆制备生产过程。

分任务 2 水煤浆制备设备的操作

作为水煤浆制备工段的操作工，如何进行生产操作？

要操作设备必须在熟悉水煤浆制备生产流程的前提下，按照生产流程分别认知生产设备生产的名称、作用、结构和工作原理。

一、皮带输送机

你见过图 4-5 中的设备吗？其主要输送什么状态的物料？

图 4-5　皮带输送机

　　皮带输送机也叫带式输送机或胶带输送机等，它运用输送带的连续或间歇运动来输送固体物体或粉状、颗状物体，其运行高速、平稳，噪声低，并可以上下坡传送，是组成有节奏的流水作业线所不可缺少的经济型输送设备。皮带输送机具有输送能力强，输送距离远，结构简单易于维护，能方便地实行程序化控制和自动化操作。广泛应用于家电、电子、电器、机械、烟草、注塑、邮电、印刷、食品等各行各业。

1. 皮带输送机的工作原理

带式输送机主要由两个端点滚筒及紧套其上的闭合输送带组成。带动输送带转动的滚筒称为驱动滚筒（传动滚筒）；另一个仅改变输送带运动方向的滚筒称为改向滚筒。驱动滚筒由电动机通过减速器驱动，输送带依靠驱动滚筒与输送带之间的摩擦力进行拖动。物料由喂料端喂入，落在转动的输送带上，依靠物料与输送带摩擦带动运送到卸料端卸出。驱动滚筒一般装在卸料端，以增大牵引力，有利于拖动。

2. 皮带输送机的结构

通用带式输送机由输送带、托辊、滚筒及驱动装置、制动器、张紧装置、装载、卸载、清扫器等装置组成。

输送带常用的有橡胶带和塑料带两种。橡胶带适宜的工作环境温度一般在 $-15 \sim 40 \,^{\circ}\mathrm{C}$。向上输送散粒料的倾角为 $12^{\circ} \sim 24^{\circ}$。对于大倾角输送可用裙边带。塑料带具有耐油、酸、碱等优点，但对于气候的适应性差，易打滑和老化。带宽是带式输送机的主要技术参数。

托辊有槽形托辊、平形托辊、调心托辊、缓冲托辊。槽形托辊（由 3 个辊子组成）支承承载分支，用以输送散粒物料；调心托辊用以调整带的横向位置，避免跑偏；缓冲托辊装在受料处，以减小物料对带的冲击。

滚筒分驱动滚筒和改向滚筒。驱动滚筒是传递动力的主要部件。分单滚筒（胶带对滚筒的包角为 $210^{\circ} \sim 230^{\circ}$）、双滚筒（包角达 350°）和多滚筒（用于大功率）等。

张紧装置的作用是使输送带达到必要的张力，以免在驱动滚筒上打滑，并使输送带在托辊间的挠度保证在规定范围内。包含螺旋张紧装置、重锤张紧装置、车式拉紧装置。

3. 运行操作步骤

（1）合上总电源开关，检查设备电源是否正常送入且电源指示灯是否亮。正常后进行下一步操作。

（2）合上各回路的电源开关，检查是否正常。正常状态下为：设备不动作，皮带输送机运行指示灯不亮，变频器等设备的电源指示灯亮，变频器的显示面板显示正常（无故障代码显示）。

（3）按照工艺流程依次启动各电气设备，上一个电气设备启动正常后（电机或其他设备已达到正常速度、正常状态）再进行下一个电气设备的启动。

 阅读材料

皮带输送机运行注意事项

在带式输送机运行中，必须遵守被输送物品设计中物品的规定，遵守带式输送机的设计能力。要注意各类人员不得触及皮带输送机的运动部分，非专业人员不得随意接触电气元件、控制按钮等。最后，在带式输送机运行中不能对变频器后级断路，如确定维修需要，则必须在停止变频运行的情况下才能进行，否则可能损坏变频器。

 能力拓展

请运用网络、教材、参考书等渠道，查阅带式输送机停车步骤和注意事项。

二、称量给料机

称量给料机结构和工作原理如图 4-6 所示。

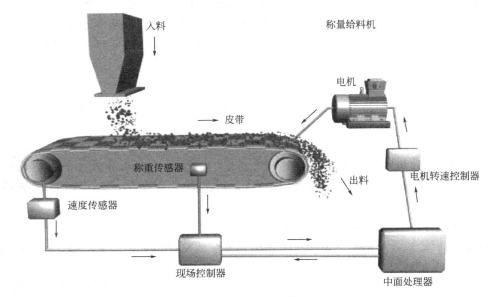

图 4-6　称量给料机结构和工作原理示意图

1. 煤称量给料机工作原理

这种 CFW 的工作原理是在皮带输送机的部件上装配了一个称量传感器和皮带测速传感器，然后转换成电信号，送到积分控制器，计算出两个信号的积分值，并将该值和进料速率设定值比较，根据偏差量执行 PI 控制，以输出控制信号，调节变频调速电机转速，控制输送速率。同时，控制器还会计算出进料量的累计值，并加以显示。

2. 煤称量给料机主要结构

煤称量给料机主要由皮带输送机（包括变频调速电机）称量单元、测速单元及控制器组成。皮带输送机是煤称量给料机的基本部件，负责输送物料，可通过变频调速电机调节给料速度。

称量单元主要由计量托辊和两个称量传感器组成，两个称量传感器的作用是测量称重长度之间的皮带上物料的单位长度重量，将测得的重量信号送至积分控制仪表。

皮带测速单元采用编码器安装在驱动滚筒轴端，通过滚筒转动产生脉冲信号，以测定皮带前进距离 。并将脉冲信号数，送入积分控制仪表。

积分控制仪表接受皮带的称量信号和皮带速度脉冲信号并进行积分计算，将得出给料速度与设定速度比较，输出控制信号，改变输送机电机的转速，以保证设定的给料速度。

三、煤磨机

　　磨煤机在水煤浆制备过程中的主要作用是什么？你见过图 4-7～图 4-10 煤磨机吗？

图 4-7 煤磨机生产现场照片

图 4-8 煤磨机的筒体

图 4-9 煤磨机生产运行照片

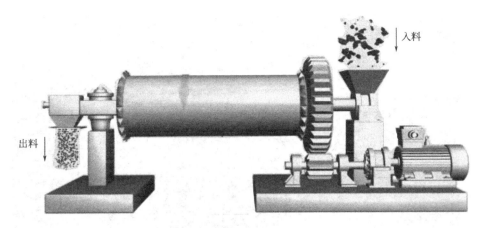

图 4-10 煤磨机生产示意图

知识窗：球磨机用途

球磨机是将煤块破碎并磨成煤粉的机械，是水煤浆制备工段的重要设备；磨煤过程是煤被破碎及其表面积不断增加的过程。煤在煤磨机中被磨制成煤粉，主要是通过压碎、击碎和研碎三种方式进行。球磨机主要服务于金矿、铜矿、铁矿、磷矿、铅矿、锌矿、锗矿等各类矿山企业。

1. 煤磨机主要组成

煤磨机主要由给料部、进料部、主轴承部、筒体部、出料部、传动部、基础部、减速传动装置、喷射润滑装置、顶起装置、高压及润滑油站与润滑管路、主电机、电气控制系统、气动离合器及气路系统、联轴器及安全罩等组成。

2. 煤磨机的工作原理

同步电机通过气动离合器、小齿轮、大齿轮带动回转部以一定速度旋转，回转部筒体内的磨矿介质钢球在离心力和摩擦力的作用下，被提升到一定高度，呈泻落状态运动，从进料口进入磨机内的物料在钢球的冲击和研磨作用下而粉碎，磨矿产品从出料口溢出，经过筛分，粒度合格的产品由筛下排出，少量大的物料由筛尾排掉，完成粉磨作业。

3. 水煤浆的制备过程

如图 4-11 所示。

 阅读材料

煤磨机各组成部分的结构特点

1. 给料部

球磨机给料根据磨选工艺，采用溜槽给料或联合给料方式。

2. 进料部

进料部包括进料螺旋筒、进料端盖及端衬板等。根据磨矿工艺要求的给料型式设计螺旋筒结构，采用锥形密封的螺旋筒结构，提升给料的料位，防止物料在螺旋筒内堆积；为防止进料端盖的过快磨损，进料端盖内部铺设衬板，衬板具有冲击硬化、耐磨耐腐蚀的特性。

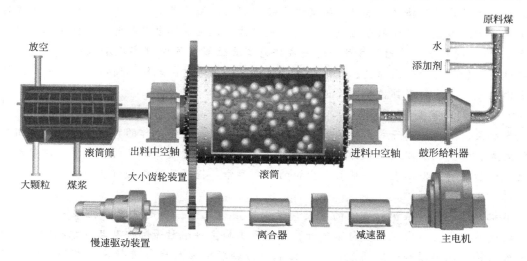

图 4-11　水煤浆制备过程示意图

3. 筒体部

筒体部是球磨机的主要部件，包括筒体、内部衬板等。为防止筒体的过快磨损，在筒体内部铺设衬板，衬板采用螺栓固定。衬板和筒体之间垫有橡胶垫，能有效地缓冲钢棒对筒体的冲击，并能使衬板与筒体内壁更加紧密贴合。筒体衬板所选材质具有良好的冲击硬化、耐磨耐腐蚀的特性。

4. 出料部

出料部包括出料端盖、端衬板、螺旋筒及出料筛等。根据磨机的排料特点，在出料部设置溢流出料螺旋筒，使合格的细物料溢流排出，过粗物料由出料螺旋返回筒体再磨。

5. 主轴承部

轴承部采用静动压滑动轴承，可实现静压顶起，动压运行。在磨机启动前或磨机停机前启动高压油泵，将高压油注入轴瓦，使轴瓦与轴颈间形成油膜，实现静压顶起；磨机正常运转后，停高压油泵，依靠连续给入的低压油实现动压润滑。主轴承由轴瓦、轴承座、轴承盖及冷却系统等组成，是全封闭120°双圆弧摇杆式自动调心轴承。

6. 传动部分

球磨机传动是由大小齿轮组成的开式齿轮传动，适应了磨机低速、重载、连续工作的特点。其中主电机采用同步电机并配有轴承和定子的测温装置。

大小齿轮的齿面啮合润滑采用定时定量自动的喷射润滑方式，润滑效果较好，并能有效地减少润滑油消耗量，最大限度地减轻操作人员的劳动强度。大、小齿轮均设有钢板护罩保护，可以有效防止润滑油的外溅泄漏和外部灰尘的进入。护罩上设有检查门，可实现即时的查看与维护。大齿轮的密封采用密封性能优良的端面迷宫式密封结构。

7. 气动离合器

磨机是低速、重载的机械设备，传动装置要根据这个特点配置气动离合器，气动离合器在磨机转动前，处于分离状态，同步电机先空载启动，待达到同步转速后，由PLC控制使气动离合器投入运行，带动磨机满负荷运转。可以实现电机、主机分段启动，这样降低了磨机电机启动时电流对电网的冲击。

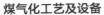

8. 减速传动装置

减速传动装置是辅助微拖动，给磨机安装、调试、维修带来很大方便。该装置由慢传电动机、减速器和直齿离合器等组成。慢速装置工作时，主电机自动断电，磨机筒体可以获得小于 1r/min 的转速，使磨机方便地停留在任意需要位置并同时可实现磨机的正反转。在慢传电机断电停转时，采用棘轮、棘爪卡住，筒体可实现停转。此结构简单，安全可靠。传动装置由电气、机械的联锁控制，保证了磨机的安全运行。

9. 喷射润滑装置

磨机大、小齿轮属开式齿轮传动，具有低速、重载、连续工作的特点。啮合面采用喷射润滑装置。喷射润滑以液压泵为动力，将高黏度润滑油通过喷嘴，定时、定量、均匀地喷射到大、小齿轮的摩擦副表面。延长了齿轮的使用寿命，提高了磨机的作业率。

10. 顶起装置

磨机为了安装、维护、检修的方便，设置了顶起装置。顶起装置由托架座、液压千斤顶、托辊等组成，可实现同步匀速顶升。当需要更换主轴承衬等部件及其他维护时，可使用顶起装置将回转部顶起一定高度，再将轴承衬沿轴颈滑移拆出或进行其他部件的检修与维护。在完成检修工作后，要落下筒体时，注意顶起装置不可迅速卸压，应采用同步操作，使筒体缓慢回落，防止设备轴瓦等关键部件的意外损坏。

通过观察磨煤机的照片，查阅相关材料，简述磨煤机主要由几部分组成。

四、煤浆泵

你见过图 4-12、图 4-13 中的煤浆泵吗？请你查阅相关材料，了解煤浆泵的主要结构。

图 4-12　未安装的煤浆泵

图 4-13　煤浆泵生产现场

知识窗：煤浆泵
　　煤浆泵的作用是加压和输送高浓度煤浆。高浓度煤浆的加压和输送采用常用的泵体是无法实现的，因此煤浆泵采用特殊结构的活塞隔膜泵。

活塞隔膜泵的工作原理
　　这种泵是基于双缸双作用或三缸单作用活塞泵的工作原理，为了适应输送高磨损性料浆而采用橡胶隔膜，将料浆与活塞、缸衬里等隔开。工作原理如图 4-14 所示。

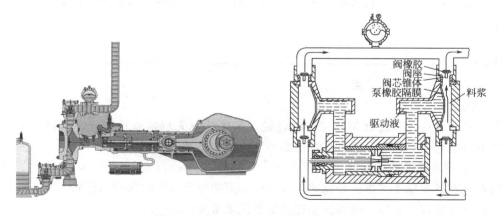

图 4-14　活塞隔膜泵的工作原理

　　这是双缸双作用的活塞隔膜泵的工作原理图，当活塞运动时，活塞推动力作用在隔膜上，继而传递到料浆上。当活塞向右方推动时，右上方的阀芯抬起，右方料浆排出，同时左下方阀芯也拉起，左方料浆被吸入。当活塞向左方推动时，则右方吸料、左方排料。

阅读材料

液压隔膜泵

　　低压煤浆泵是煤浆制备岗位重要的动设备，作用是将制备好的煤浆输送到煤浆槽内，供气化使用。低压煤浆泵多为液压隔膜泵。

　　液压隔膜泵液压系统工作原理：一台完整的往复式活塞隔膜泵系统由传动系统、动力端、液力端、液压辅助系统、进出口压力流量稳定系统、PLC集控系统和消振装置组成。结构形式划分有液压活塞单双作用、液压缸数、活塞的立卧式运动。隔膜泵的结构形式一般有双缸双作用卧式、三缸单作用卧式、多缸单作用立式等。

　　隔膜泵输送介质性质包括输送介质的密度、粒度、黏度、酸碱度、磨蚀性、温度和质量浓度等指标。

　　隔膜泵的核心技术由隔膜技术、活塞密封技术、自动化控制技术组成。液压隔膜泵动力端则采用大功率的电动机提供动力，由定量泵供油，通过动力端活塞的往复直线运动带动液力端活塞往复运动，活塞借助油介质使橡胶隔膜凹凸运动，驱使隔膜室腔内容积周期变化，完成料浆输送。液压系统和换向系统是整个隔膜泵动力端设计成败的关键。

五、水煤浆制备工段的主要设备操作要点

　　知识窗：化工装置开停车

　　在化工生产中，开、停车的生产操作是衡量操作工人水平高低的一个重要标准。开、停车是生产中最重要的环节。

　　化工生产中的开、停车包括基建完工后的第一次开车（原始开车），大、中修之后的开车，正常生产中开、停车，特殊情况（事故）下突然停车等。

　　第一次开车，一般包括开车前的准备工作、单机试车、联动试车、投料试车四个阶段。

（一）煤磨机的开车要点

1. 试车

设备安装好后，经过有关部门检查合格，单体试车完成，系统清洗、吹扫、试压、仪表、电器（应电气）正常，方可交付使用。

2. 开车前应具备的条件

（1）试车各项准备工作已经完成，盲板全部安装就位和临时盲板已拆除。

（2）仪表经校正合格，仪表自动控制系统能正常运行。

（3）各公用工程正常运行。

（4）通知原料车间准备向本工号输送原料煤。

（5）设备按规定的规格和数量加注润滑油。

（6）所有转动设备或转动部件按规定加隔离装置。

（7）关闭管线上所有阀门。

（8）DCS 操作站具备操控条件。

3. 接受物料

（1）原料煤：在磨机开车前，煤仓料位处于正常使用范围内，在磨机正常运行后，根据生产需要开始接受原料煤。

（2）添加剂：添加剂已在添加剂制备槽中制备好后，由泵送到添加剂槽中由计量泵送入磨机。

（3）NaOH：NaOH 水从厂外来，由 NaOH 卸料泵送至储罐，通过输送给料泵输送进磨机。

4. 煤浆制备

（1）煤磨机启动前的确认

① 磨机减速箱油泵已启动运行。

② 磨机已经慢驱盘车正常（并脱开慢驱）。

③ 磨机齿轮喷射油系统已经调试，并在磨机开车前已经加注好初次启动所需的齿轮喷射油。

④ 磨机前后耳轴冷却用循环冷却水已经投用。

（2）启动磨机

① 按操作规程启动添加剂泵向磨机送添加剂。

② 启动 NaOH 泵，向磨机送 NaOH。

③ 启动煤称量给料机，将煤送入磨机。

④ 首次加煤量不超过 $20m^3/h$，及时调整水煤比，防止溢流跑浆。

⑤ 启动石灰给料输送机送石灰粉进入磨机，并注意输送量。

⑥ 确认煤浆进入磨煤机出料槽，液位上升达到 20％时，检查磨煤机出口槽泵的油位，并启动该泵运行。

⑦ 打开磨煤机出料槽出口导淋排液，现场观察煤浆浓度增加，中控观察煤机出口槽泵电流提升，此时关闭导淋阀，打开煤浆去水煤浆槽球阀，将煤浆送往水煤浆槽，所排废浆送往沉淀池处理。

⑧ 冲洗煤浆循环管线，时间要求 5min，冲洗完后应及时排掉煤浆循环管线中的残液，严寒季节该排液阀门应一直保持开度，冲洗用原水用完后也应保持最小流量开度。

⑨ 中控室人员应根据磨机功率及磨机出口槽搅拌器电流及时判断和分析煤浆的大概浓度和黏度，并随时调整磨机给煤量和进水量，以保证煤浆浓度合格，严格控制磨机在多水状态或者低负荷下长时间运行。

⑩ 待磨机运行正常并且平稳后，DCS 操作系统将磨机联锁、水流量低低联锁、石灰石低流量联锁、输煤量低低联锁、原水槽液位联锁全部置联锁状态。

（二）煤磨机的停车要点

1. 短期停车

（1）在 DCS 操作系统中将磨煤机联锁、原水液位联锁、给水联锁、给煤联锁全部置旁路，按照物料停车顺序：停止煤输送、停止石灰粉输送、停止添加剂输送、停止碱液输送。

（2）以上物料停止后，磨机冲洗 5min，停原水泵，关闭原水调节阀及前后截止阀，原水泵及管线低点导淋排液，排液完成后，导淋保持常开状态。

（3）将原水槽的液位调节阀置手动，关闭后手动截止阀，打开调节阀导淋，保持微量开度（严冬季节执行）。

（4）打开磨煤机出口槽泵循环阀，煤浆循环运行，按要求冲洗煤浆泵出口主管线，排液完成后导淋保持常开状态。

（5）严冬季节时，减速箱油泵、低压油泵、磨机及油站循环冷却水继续保持运行。

（6）若磨机停车时间较长，必须定期定时进行磨机盘车，其他参照长期停车操作规程进行。

2. 长期停车

（1）长期停车前，应提前按计划将石灰石料斗 V0501 和原煤料斗 V0502 尽可能拉低，以免长期置放而发生自燃。

（2）将石灰粉给料机、石灰石输送机和原煤给料机上的原料排净，并将下料口的封闭插销插上。

（3）将磨煤机联锁、原水液位联锁、给水联锁、给煤联锁全部置旁路，按照物料停车顺序：停止煤输送、停止石灰粉输送、停止添加剂输送、停止碱液输送。

（4）按规程停磨煤机。

（5）各管线、机泵防冻排液参照短期停车操作法处理。

（6）降低磨煤机出料槽液位，提高磨煤机出料槽泵的转速及时将所剩煤浆送出。

（7）当磨煤机出料槽液位降至 10% 时，及时停搅拌，停磨煤机出料槽泵。

（8）清洗磨机出口槽及泵和出口主管线。

（9）冲洗各设备、阀门、泵内的水煤浆。

（10）添加剂泵的冲洗：把整个管线及泵体冲洗干净；长期停车或者该泵检修应及时将管线、泵体内残液排除干净；通过泵体低点排液时必须注意环保要求，将所排液体完全回收倒入添加剂制备槽中，严禁地面抛洒造成不必要的污染。

（11）碱液泵的处理：将管线及泵体残液从泵的低点导淋排入已装好的临时回收槽中，操作该泵时应严格遵守相关操规，以防止化学腐蚀等不安全事故发生。

（12）油站及相关油泵停车。

（13）如果磨机未有拆检计划，在严冬季节时，低压油泵则允许继续运行循环，高压油泵停车处理，控制室应把高压油系统联锁置手动状态。

（14）如果磨机减速箱未有检修计划，则在严冬季节时，减速机油泵允许继续运行，非严冬寒冷季节按停车处理。

（15）磨机停车后，齿轮喷射油泵应及时停车，仪表空气开关置手动，吹扫干净油管分布器残余齿轮油，切断该泵电磁控制开关电源，严冬季节参照气化车间防冻相关操作管理条例。

 知识拓展

煤浆浓度、粒度、黏度的调节与控制

一、煤浆浓度的控制

1. 煤浆浓度一般为 60%～65%，影响煤浆浓度的因素很多，如煤的外在水分和内在水分，以及煤、工艺水、添加剂等物料流量的变化都会影响煤浆的浓度，严格控制工艺指标是控制煤浆浓度的有效手段，如增加添加剂的用量，则必须按比例减少工艺水的用量。

2. 正常生产中，影响煤浆浓度的主要因素是煤的内外水分，每批次的煤种的水分必须精心监控，发现煤浆浓度波动，首先确认本工号相关工艺参数有无变化，来确定煤的本体含水量有无大的变化。确认煤含水发生变化后，根据分析数据及时调整添加剂量、入磨煤机工艺水量。

二、煤浆粒度控制

随着研磨时间的增长，磨机内的钢棒逐渐磨损，直径逐渐减小，会造成煤浆过细黏度增加，钢棒磨损严重时煤浆粒度增大，影响气化效率；一旦由于钢棒变细而断裂极易形成乱棒，磨机不能起到研磨效果。所以必须密切注意煤浆黏度、浓度、粒度情况，如果煤浆性能发生较大的变化，除考虑煤种变化因素外，还要检查磨煤机的运行情况。在磨机停车期间及时检查钢棒磨损情况，情况比较严重的则需要添加或更换钢棒，从而达到稳定煤浆的目的。钢棒添加量和钢棒级配以磨机厂家提供的数据和磨机试验为参考，平时生产中根据煤种变化、煤浆生产情况适当调整。

三、煤浆黏度的控制

影响煤浆黏度的因素很多，如添加剂的使用量、煤浆粒度分布等，如果因粒度分布过细造成黏度增大，可适当调整钢棒极配比，使粒度增大，以降低黏度。如添加剂加入量过少造成黏度增大，适当调整添加剂加入量，以降低黏度，黏度一般控制在900~1200cP。

（1）磨煤系统负荷量应和气化炉的需求量相匹配。根据气化需求及时调整制浆负荷，若气化负荷减小到总负荷的50%时，V0701煤浆槽液位又较高，磨机可短期停一个系列。

（2）严格遵守巡回检查制度，保证各运行设备安全、稳定的运行，发现问题及时清除，杜绝跑、冒、滴、漏、堵。

 **能力训练**

1. 画出水煤浆制备过程的工艺流程方框图。
2. 分组汇报煤磨机的工作原理。
3. 分组讨论煤磨机的开停车步骤。

任务2
水煤浆的加压气化

分任务1　熟知水煤浆加压气化原理

合格的水煤浆和纯氧是如何进行气化的？你能根据前面学习的内容简述水煤浆气化的原理吗？

┌───┐

知识窗：水煤浆气化的生产过程

　　将原料煤制成可以流动的高浓度水煤浆，用煤浆泵加压后和纯氧一起喷入气化炉内，在高温下与氧进行气化反应，生成（H_2＋CO）含量大于 75％ 的水煤气。高温煤气与熔融态煤渣，由气化炉下部排出，降温后煤气与灰渣分离，煤气经进一步除尘后，送到后工序。

└───┘

一、气化原理

　　水煤浆的气化过程是在气化炉内进行的。浓度为 60％～70％ 的水煤浆和纯氧气，由喷嘴并流喷入气化炉，水煤浆被氧气雾化，同时水煤浆中的水分遇热迅速汽化成水蒸气。煤粉、氧气和水蒸气充分混合，在 1300～1500℃ 的高温下，煤粉颗粒进行部分氧化反应，生成以氢和一氧化碳为主的水煤气。

　　气化过程的基本反应可用下式表示：

$$2C_mH_nS_y + mO_2 \longrightarrow 2mCO + (n-2y)H_2 + 2yH_2S + Q \tag{4-1}$$

　　由于反应温度高于灰的熔点，因此煤灰以熔融态的小颗粒分散在煤气中。煤气与熔渣的混合物，由气化炉燃烧室进入激冷室，在激冷室中合成气被冷却并汇入适量的饱和蒸汽，熔融的灰渣被冷却固化。

　　在水煤浆加压气化过程中，煤粒夹带在气流中，固体颗粒的体积浓度较气体低，可以认为煤粒之间是被气体隔开的，难以相互碰撞，各煤粒独立进行燃烧和气化反应。整个反应是在高温的火焰中，在数秒钟内完成的。式（4-1）仅表示了反应的总过程，实际上气化炉内大致可分为以下三个区域。

1. 裂解及挥发分燃烧区

　　当水煤浆与氧气喷入气化炉内后，迅速地被加热到高温，水煤浆中的水分急速变为水蒸气，煤粉发生干馏及热裂解，释放出焦油、酚、甲醇、树脂、甲烷等挥发分，煤粉变为煤焦。由于这一区域内氧气浓度高，在高温下挥发分迅速完全燃烧，同时放出大量热量。由于挥发分燃烧完全，因此煤气中只含有少量的甲烷（一般在 0.1％ 以下），不含焦油、酚、高级烃等可凝聚产物。反应式为：

$$C_mH_n \longrightarrow (m-n/4)C + n/4CH_4 - Q \tag{4-2}$$

2. 燃烧及气化区

　　在这一区域，氧气浓度较低，煤焦一方面与残余的氧气发生燃烧反应，生成二氧化碳和一氧化碳气体，放出热量，另一方面煤焦在高温下又与水蒸气和二氧化碳发生气化反应，生成氢和一氧化碳。在气相中，氢和一氧化碳又与残余的氧发生燃烧反应，放出更多的热量。反应式为：

$$C_mH_n + \left(m + \frac{n}{4}\right)O_2 \longrightarrow mCO_2 + \frac{n}{2}H_2O + Q \tag{4-3}$$

3. 气化区

　　在此区反应物中不含氧气，主要是煤焦、甲烷等与水蒸气、二氧化碳进行气化反应，生成氢和一氧化碳。反应式为：

$$C_mH_n + mH_2O \longrightarrow mCO + \left(\frac{n}{2}+m\right)H_2 - Q \qquad (4\text{-}4)$$

$$C_mH_n + mCO_2 \longrightarrow 2mCO + \frac{n}{2}H_2O - Q \qquad (4\text{-}5)$$

$$CH_4 + H_2O \longrightarrow CO + 3H_2 - Q \qquad (4\text{-}6)$$

$$CH_4 + CO_2 \longrightarrow 2CO + 2H_2 - Q \qquad (4\text{-}7)$$

$$C + 2H_2O \longrightarrow CO + H_2 - Q \qquad (4\text{-}8)$$

$$C + CO_2 \longrightarrow 2CO - Q \qquad (4\text{-}9)$$

二、气化反应的化学平衡

总体上讲，煤气化反应是体积增大的反应，从化学平衡方面来讲，提高压力不利于达到化学平衡，但提高气化压力，提高了反应物浓度，加快了反应速率，提高了气化强度，有利于提高整个气化效率，增加经济效益，所以，现代水煤浆气化都向大型化高压方向发展。

三、气化反应的反应速率

1. 碳与氧之间的燃烧反应

碳与氧之间反应可以生成 CO_2 和 CO，而 CO_2 与碳反应又可生产 CO。

从化学平衡考虑，无论是生成 CO 或 CO_2 的反应都是不可逆反应，随着温度的升高，反应速率是变快的。

2. 碳与 CO_2 的反应

在气化炉内，燃烧反应的速率比气化的其他反应速率快得多，碳与 CO_2 反应普遍认为是由表面反应速率决定，压力的提高会使 CO_2 的还原反应进行得更为强烈。

3. 碳与水蒸气之间的反应

碳与水蒸气之间的反应产物，除 CO 和 H_2 外，还有可能发生的二次反应产物有 CO_2、CH_4 等，蒸汽分解反应速率与煤的特性有很大关系。

当温度较低，水蒸气浓度较高时，水蒸气的分解速率与反应物浓度无关。

当温度高，水蒸气浓度低时，分解速率就随水蒸气分压而变化，与反应物浓度的一次方成正比。

4. 生成甲烷的反应

在煤气化过程中，甲烷的生成是两个独立反应过程的总结果，首先是煤的热解过程，其次是煤的气化过程。这些都是体积缩小的放热反应，提高气化炉压力无论从平衡或反应速率看都是有助于甲烷的生成。

 **知识拓展**

利用网络、资料查阅水煤浆加压气化燃烧室的分区。

 阅读材料

气化炉燃烧室反应区域

按流动过程可将气化炉燃烧室分为三个区域，即射流区、回流区和管流区。

1. 射流区的反应

料浆和氧气刚进入气化炉时，氧浓度相当高。随着燃烧和气化反应的进行氧浓度逐渐降低直至完全消耗。因此，该区域内进行的反应可分为两种类型：一类是有氧反应，主要进行的是煤的部分氧化反应、煤的燃烧反应、煤的裂解反应及碳的完全燃烧反应，这些反应为一次反应：另一类是无氧反应，主要进行的是 CO_2 的还原反应、非均相水煤气反应、甲烷转化反应及逆变换反应等，这些反应为二次反应。

2. 管流区的反应

进入管流区的介质为来自一次反应区的燃烧产物及甲烷、残碳及水蒸气等，在管流区内继续进行射流区的二次反应。

3. 回流区的反应

由于射流作用，在工艺烧嘴附近形成相对低压区，造成大量的高温气体被卷吸回流，形成一个回流区。其介质主要是从射流区卷吸来的燃烧产物、残碳、水蒸气及少量氧气，因而其反应包括一次反应和二次反应。形成一次反应和二次反应的共存区。由于回流区的存在，造成了气化炉内物料的停留时间不一样，也就是说在气化炉内存在返混现象。

 **能力训练**

1. 水煤浆加压气化的原理是怎样的？
2. 水煤浆加压气化过程中主要发生哪些化学反应，写出其反应方程式。

分任务 2　探讨水煤浆气化的影响因素

如何采用最少的水煤浆生产出最多的合格的水煤气呢？即提高水煤浆加压气化的效率？要想提高气化效率必须了解水煤浆加压气化的主要影响因素。

知识窗：

水煤浆加压气化制取水煤气的目的，是要得到氢和一氧化碳，用作合成的原料气或得到燃料气。因此，在生产中应该选择最有利于气化反应进行的操作条件，以便原料煤和氧消耗最少，一氧化碳和氢气的产率最大。影响水煤浆气化的主要因素有水煤浆浓度、气化温度、气化压力、气化时间和氧碳比、煤粉粒度及煤质等。

一、水煤浆浓度的影响

水煤浆浓度是水煤浆加压气化法独特的控制指标。这也是一个极为重要的工艺参数。水煤浆浓度是指水煤浆中固体的含量，以质量分数表示。水煤浆浓度及性能，对气化效率、煤气质量、原料消耗、水煤浆的输送及雾化等，均有很大的影响。

图 4-15 表示在不同温度下，煤浆浓度与气化效率的关系。可见在较低的气化温度下，

增加煤浆浓度，同样可以提高气化效率。一般煤粒度愈细，煤浆浓度愈高，碳转化率或气化效率愈高，但是也会引起煤浆黏度剧增，给气化炉加料带来困难，因此不同的煤种都有一个最佳的粒度和浓度，需预先进行实验选择。

图 4-16 表示干煤气组成与煤浆浓度的关系。可见，增加煤浆浓度有利于 $CO+H_2$ 量的增加，而且 $CO+CO_2$ 量的变化和煤浆浓度无关，其值近似为一常数（66%），这是由于煤浆中水受热蒸发，增加了 CO 转化生成的 CO_2 量之故。

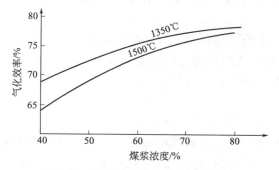

图 4-15　煤浆浓度与气化效率的关系

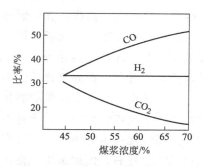

图 4-16　干煤气组成与煤浆浓度的关系

如果水煤浆浓度过低，则随煤浆进入气化炉内的水分量过多，由于水分的蒸发和被加热，要吸收较多的热量，降低了气化炉的温度，使气化效率和煤气中（$CO+H_2$）含量降低。

但是当水煤浆浓度过高时，黏度急剧增加，流动性变差，不利于输送和雾化。煤浆浓度、黏度之间的关系见图 4-17。煤粒度愈小，煤浆浓度愈高，黏度愈大。添加剂是表面活性剂，对相同的固含量而言，黏度随表面活性剂的增加而降低并趋于最低值。该最低值所对应的添加剂浓度与煤种有关。考虑煤浆的流变性质是选用输送煤浆管径的依据。管径太小，压头损失大，相反过大又会输送不稳定，固体会发生沉降。同时，由于水煤浆为粗分散的悬浮体系，存在着分散相因重力作用而引起沉降的问题，若水煤浆浓度过高，易发生分层现象，因此水煤浆浓度也不能过高。水煤浆浓度选择的原则是在保证不沉淀、流动性能好、黏度小的条件下，尽可能提高水煤浆的浓度。

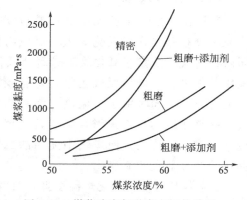

图 4-17　煤浆浓度与黏度之间的关系

总之，水煤浆浓度对气化过程的影响较大，而影响水煤浆浓度的因素又比较复杂，所以水煤浆浓度要经过试验来确定。在生产中，水煤浆浓度一般在 60%～70% 的范围内。

二、气化温度的影响

煤、甲烷、碳与水蒸气、二氧化碳的气化反应为吸热反应，气化反应温度高，有利于这些反应的进行。为了提高气化效率，缩短反应时间，与其他气流床气化方法一样，水煤浆加压气化温度比较高，并且采取液态排渣。故操作温度必须大于煤的灰熔点，但是同时又须考虑炉壁耐火材料的耐高温性和使用寿命以及较低的氧煤比。气化温度选择的原则是在保证液态排渣的前提下，尽可能维持较低的操作温度。具体的确定方法是使液态灰渣的黏度略低于

250mPa·s的温度，即为最适宜的操作温度。由于煤灰的熔点和灰渣黏温特性不同，操作温度也不相同。

工业生产中，气化温度一般控制在1300～1500℃。当灰熔点高于1500℃时，就要添加助熔剂，使其灰熔点降低到1500℃以下。

三、气化压力的影响

水煤浆加压气化反应是体积增大的反应，提高操作压力，对气化反应的化学平衡不利。但生产中普遍采用加压操作，其原因是：

(1) 在操作条件下，气化反应远未达到化学平衡，加压操作对化学平衡影响不大，但可增加反应物浓度，加快反应速率，提高气化效率，气化炉的生产能力与压力的平方根成正比，升高压力，有利于提高气化炉的单炉生产能力。

(2) 加压操作有利于水煤浆的雾化。

(3) 加压下气体体积小，在产量不变的情况下，减小设备容积。

(4) 加压气化可节省压缩功。将水煤浆加压到气化压力所消耗的动力较少，而氧气仅为生成气量的1/4左右，因此加压气化比采用常压气化然后再将生成气加压到气化压力时的压缩功消耗下降30％～50％。

但压力过高，对设备的要求更严，所以压力也不能太高，一般为3～9MPa。同时气化压力高低的确定还取决于产品煤气的用途。例如生产合成氨一般为8.5～10MPa；如用于合成甲醇则为6～7MPa，这样后面的工序不需再增压。

四、氧煤比的影响

氧煤比是指气化过程中氧耗量与煤的消耗量的比值。它与煤的性质、煤浆浓度、煤浆粒度分布有关。在气化炉内，反应物的停留时间较短，仅数秒钟，在这样短的反应时间内，氧气直接参与氧化反应和部分氧化反应，因此氧煤比是影响气化反应的重要工艺操作条件之一。增加氧气用量，将有较多煤与氧发生燃烧反应，放出的热量多，气化炉温度将升高。同时由于炉温高，为吸热的气化反应提供的热量多，对气化反应有利，煤气中一氧化碳和氢含量增加，碳转化率显著升高。但是氧煤化过高，一部分碳将完全燃烧，生成二氧化碳，使煤气中无用的二氧化碳含量增加，反而使冷煤气效率降低。因而存在一个最适宜的氧煤比。

若氧煤比过低，气化炉温度低，对气化反应不利，碳转化率及冷煤气效率降低。由于煤、碳及甲烷与二氧化碳的转化反应速率减慢，煤气中的二氧化碳含量反而增加，另外，如果炉温低于原料煤的灰熔点，将无法进行液态排渣，因此氧煤比也不能太低。在生产中，氧煤比一般控制在0.68～0.71m³/kg范围内。

 阅读材料

水煤浆气化对煤种的要求

随着气化工艺选取的不同，其对煤品质的要求也不尽相同。高活性、高挥发分的烟煤是水煤浆气化工艺的首选煤种。

1. 总水分

总水分包括外水和内水。外水是煤粒表面附着的水分，来源于人为喷洒和露天放置中的雨水，通过自然风干即可失去。外水对水煤浆加压气化没有影响，但如果波动太大对煤浆浓度有一定影响，而且会增加运输成本，应尽量降低。

煤的内水是煤的结合水，以吸附态或化合态形式存在于煤中，煤的内水高同样会增加运输费用，但更重要的是内水是影响成浆性能的关键因素，内水越高成浆性能越差，制备的煤浆浓度越低，对气化时的有效气体含量、氧气消耗和高负荷运行不利。

2. 挥发分及固定碳

煤中的挥发分高有利于煤的气化和碳转化率的提高，但是挥发分太高的煤种容易自燃，给储煤带来一定麻烦。煤化程度增加，则可减少挥发物，增加固定碳。

3. 煤的灰分及灰熔点

（1）灰分　灰分虽然不直接参加气化反应，但却要消耗煤在氧化反应中所产生的反应热，用于灰分的升温、熔化及转化。灰分含量越高，煤的总发热量就越低，浆化特性也较差。

灰分含量的增高，会使废渣的外运量增加，同时对耐火砖的侵蚀和磨损加剧，还会使运行黑水中固含量增高，加重黑水对管道、阀门、设备的磨损，也容易造成结垢堵塞现象，因此应尽量选用低灰分的煤种，以保证气化运行的经济性。

（2）灰熔点　煤灰的熔融性习惯上用 4 个温度来衡量，即煤灰的初始变性温度（T_1）、软化温度（T_2）、半球温度（T_3）、流动温度（T_4）。煤的灰熔点一般是指流动温度，灰熔点的高低以利于熔融排渣为目的，否则需添加氧化铁或氧化钙，或者掺混其他煤种来调整灰分的组成以调节灰熔点，利于熔融排渣。

（3）灰渣黏温特性　灰渣黏温特性是指熔融灰渣的黏度与温度的关系。熔融灰渣的黏度是熔渣的物理特性，一旦煤种（灰分组成）确定，它只与实际操作温度有关。煤种不同，渣的黏温特性差异很大。有的煤种在一定温度变化范围内其灰渣的黏度变化不大，即对应的气化操作温度范围宽，当操作温度偏离最佳值时，对气化运行影响不大；有的煤种当温度稍有变化时其灰渣的黏度变化比较剧烈，操作中应予以特别注意，以防低温下渣流不畅发生堵塞。可见，熔渣黏度对温度变化不是十分敏感的煤种有利于气化操作。

水煤浆气化采用液态排渣，操作温度升高，灰渣黏度降低，有利于灰渣的流动，但灰渣黏度太低，炉砖侵蚀剥落较快。温度偏低灰渣黏度升高，渣流动不畅，容易堵塞渣口。只有在最佳黏度范围内操作才能在炉砖表面形成一定厚度的灰渣保护层，既延长了炉砖寿命又不致堵塞渣口。液态排渣炉气化最佳操作温度以灰渣的黏温特性而定，一般高于煤灰熔点30～50℃。

4. 助熔剂

由于材料耐热能力的限制，灰熔点高于 1400℃的煤还要采用熔渣炉气化，应使用助熔剂，以降低煤的灰熔点。

因此，在筛选煤种时，宜选择灰熔点较低的煤种，这可有效地降低操作温度，延长炉砖的使用寿命，同时可以降低氧耗、煤耗和助熔剂消耗。

能力训练

1. 选择水煤浆浓度、氧气用量、反应温度和操作压力的依据是什么？
2. 分组讨论如何选择水煤浆浓度、氧气用量、反应温度和操作压力。

分任务 3　识读水煤浆气化工艺流程

　　水煤浆和纯氧的气化过程是怎样的？你会识读水煤浆气化急冷工艺流程吗？

　　知识窗：水煤浆气化的生产过程

　　将原料煤制成可以流动的高浓度水煤浆，用煤浆泵加压后和纯氧一起喷入气化炉内，在高温下与氧进行气化反应，生成（H_2+CO）含量大于 75% 的水煤气。高温煤气与熔融态煤渣，由气化炉下部排出，降温后煤气与灰渣分离，煤气经进一步除尘后，送到后工序。

一、观察图 4-18 水煤浆制备工艺流程图，简要回答下列问题

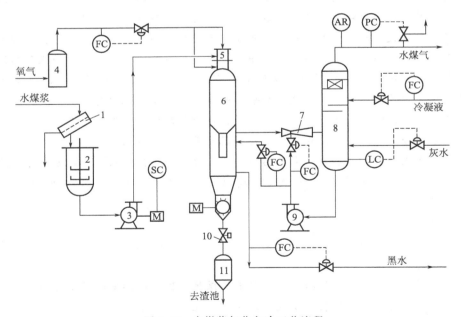

图 4-18　水煤浆气化急冷工艺流程

1—煤浆振动筛；2—煤浆槽；3—煤浆泵；4—氧气缓冲罐；5—喷嘴；6—气化炉；
7—文丘里洗涤器；8—洗涤塔；9—激冷水泵；10—锁渣阀；11—锁渣罐

（1）该图是否有标题栏和图例说明_____。

（2）该图中的主要设备有多少台_____，将名称、位号填写在下表中。

序号	设备名称	主　要　作　用

(3) 流程中主要物料管线包括_____。

(4) 次物料的管线包括_____。

(5) 主要的控制点有_____；FC、PC、SC、LC、AR 代表含义分别是_____。

二、水煤浆加压气化工艺流程

按热回收方式不同，可分为急冷流程和废热锅炉流程，目前国内以急冷流程为主，其主要生产过程如下。

(1) 浓度为 65％左右的水煤浆，经过振动筛 1 除去机械杂质，进入煤浆槽 2，用煤浆泵 3 加压后送到德士古喷嘴 5。

(2) 由空分来的高压氧气，经氧气缓冲罐 4，通过喷嘴 5，对水煤浆进行雾化后进入气化炉 6。氧煤比通过自动控制系统控制。

(3) 水煤浆和氧气喷入反应室后，在较高压力下（根据生产的需要在 3～9MPa 范围内选择）、温度为 1300～1500℃的条件下，迅速完成气化反应，生成以氢和一氧化碳为主的水煤气。气化反应温度高于煤灰熔点，以便实现液态排渣。为了保护喷嘴免受高温损坏，设置有喷嘴冷却水系统。

(4) 离开反应室的高温水煤气进入急冷室，用由洗涤塔 8 来的水直接进行急速冷却，温度降到 210～260℃，同时急冷水大量蒸发，水煤气被水蒸气所饱和。气化反应过程产生的大部分煤灰及少量未反应的碳，以灰渣的形式从生成气中除去。根据粒度大小不同，灰渣以两种方式排出，粗渣在急冷室中沉积，通过水封锁渣罐 11，定期与水渣一同排出。细渣以黑水的形式从急冷室连续排出。排渣系统设置带有锁渣罐循环泵的渣罐循环系统，有利于将煤渣排入锁渣罐。

(5) 离开气化炉急冷室的水煤气，依次通过文丘里洗涤器 7 及洗涤塔 8，用灰处理工段送来的灰水及变换工段的工艺冷凝液进行洗涤，彻底除去煤气中的细灰及未反应的炭粒。净化后的水煤气，离开洗涤塔，送到一氧化碳变换工序。

能力拓展

1. 利用网络、资料查阅比较德士古水煤浆气化工艺与多喷嘴对置式水煤浆气化工艺异同点。

2. 简要叙述德士古水煤浆气化工艺和多喷嘴对置式水煤浆气化工艺流程。

3. 画出德士古水煤浆气化工艺（图 4-19）和多喷嘴对置式水煤浆气化工艺简图（图 4-20）。

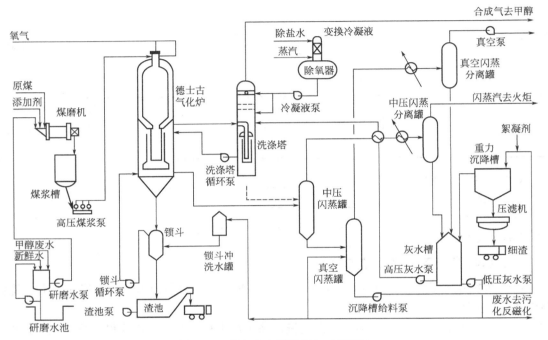

图 4-19　德士古水煤浆气化工艺简图

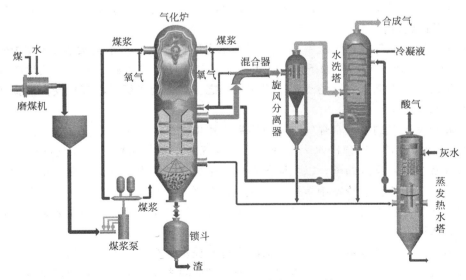

图 4-20　多喷嘴对置式水煤浆气化工艺简图

任务3
德士古(多喷嘴对置式)气化炉的操作

想想看　水煤浆加压气化的核心设备有哪些？气化炉结构怎样？其操作要点有哪些？

> **知识窗：气化部分核心设备**
>
> 水煤浆气化最核心的设备是气化炉和工艺烧嘴。
>
> 所有气化反应全部在气化炉内进行，为气化反应提供充分的空间；工艺烧嘴的结构决定水煤浆和气化剂的混合程度，影响气化效率。

一、气化炉

1. 气化炉主要作用

气化炉的作用是使水煤浆与氧气在反应室进行气化，生成以氢和一氧化碳为主体，并含有二氧化碳及少量甲烷、硫化氢的高温水煤气；高温水煤气与熔融态煤灰渣在急冷室被水迅速冷却，水受热蒸发，水煤气为蒸汽所饱和，获得一氧化碳变换所需的蒸汽，并能除去水煤气中大部分灰渣。

2. 气化炉的结构

水煤浆加压气化炉是水煤浆加压气化技术的核心设备。其结构如图 4-21 所示：激冷型气化炉燃烧室和激冷室外壳是连成一体的。上部燃烧室为一中空圆形筒体带拱形顶部和锥形下部的反应空间，顶部烧嘴口供设置工艺烧嘴用，下部为生成气体出口去下面的激冷室。激冷室内紧接上部气体出口设有激冷环，喷出的水沿下降管流下形成一下降水膜，这层水膜可避免由燃烧室来的高温气体中夹带的熔融渣粒附着在下降管壁上，激冷室内保持相当高的液位。夹带着大量熔融渣粒的高温气体通过下降管直接与水溶液接触，气体得到冷却，并为水汽所饱和。熔融渣粒淬冷成粒化渣，从气体中分离出来，被收集在激冷室下部，由锁斗定期排出。饱和了水蒸气的气体进上升管到激冷室上部，经挡板除沫后由侧面气体出口管去洗涤塔，进一步冷却除尘。气体中夹带的渣粒约有95％从锁斗排出。

另外，由于反应温度甚高，炉内设有耐火衬里；为了调节控制反应物料的配比，在燃烧室的中下部设有测量炉内温度用的高温热电偶 4 支；为了及时掌握炉内衬里的损坏情况，在炉壳外表面装设表面测温系统。这种测温系统将包括拱顶在内的整个燃烧室外表面分成若干

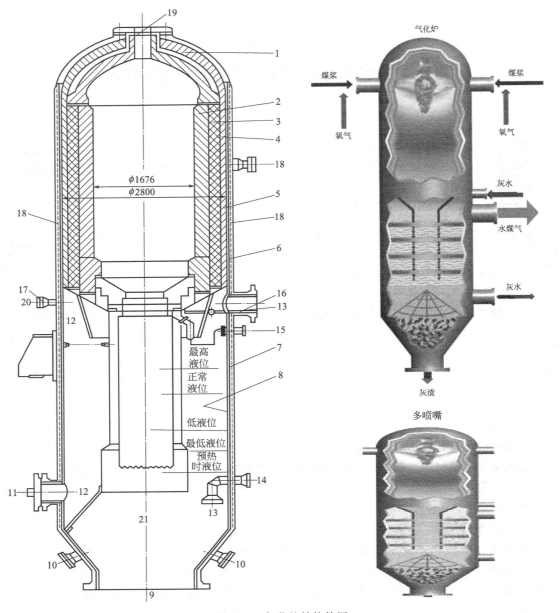

图 4-21　气化炉结构简图

1—浇注料；2—向火面砖；3—支持砖；4—绝热砖；5—可压缩耐火塑料；
6—燃烧室段炉壳；7—激冷室段炉壳；8—焊层；9—渣水出口；10—锁斗再循环口；
11—人孔；12—液位指示联箱；13—仪表孔；14—排放水出口；15—激冷水入口；
16—出气口；17—锥底温度计；18—热电偶口；19—烧嘴口；20—吹氮口；21—再循环口

个测温区，在炉壁外表面焊上数以千计的螺钉来固定测温导线。通过每一小块面积上的温度测量，可以迅速地指出在炉壁外表面上出现的任何一个热点温度，从而可预示炉内衬的侵蚀情况；激冷室外壳内壁采用堆焊高级不锈钢的办法来解决腐蚀问题。

　　气化炉气化效果的好坏取决于燃烧室形状及其与工艺烧嘴结构之间的匹配。而气化炉的寿命则与炉内衬耐火材料材质和结构形式的选择有关。

二、工艺烧嘴（喷嘴）

喷嘴也称为烧嘴，其主要作用是借高速氧气流的动能将水煤浆雾化并充分混合，在炉内形成一股有一定长度黑区的稳定火焰，为气化创造条件。工艺烧嘴和气化炉同属水煤浆加压气化装置的核心设备，其结构如图 4-22 所示。

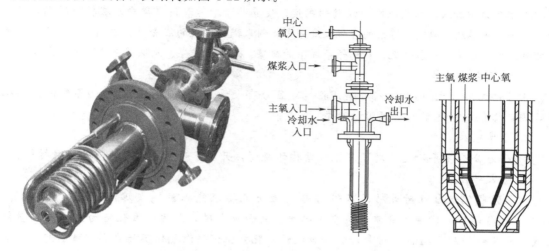

图 4-22　工艺烧嘴的外形图和头部剖面示意图

目前常用的结构形式为三套管式，即物料导管由三套管组成，氧分为两路：一路为中心氧由中心管喷出，水煤浆由中间环道流出，并与中心氧在出烧嘴口前已预先混合；另一路为主氧通道在外环道流出，在烧嘴口处与煤浆和中心氧再次混合。水煤浆未与中心氧接触前，在环隙通道成为厚达 10 余毫米的一圈膜，流速约 2m/s。中心氧占总氧量的 15%～20%，流速约 80m/s。环隙主氧占总氧量的 80%～85%，流速约 120m/s。氧气在烧嘴入口处的压力与炉压之比约为 1.2～1.4。

烧嘴头部最外侧为水冷夹套，冷却水入口直抵夹套，再由缠绕在烧嘴头部的数圈盘管引出，用以保护喷嘴。当喷嘴冷却水供给量不足时，气化炉会自动停车。

在正常运行期间，烧嘴头部煤浆通道出口处的磨损是不可避免的。当氧煤浆通道因磨损而变宽以后，工艺指标变差，就必须更换新的工艺烧嘴，这个运行周期就是工艺烧嘴的连续运行天数。无论国内、国外，目前的运行水平可以达到两个月左右，一般平均 45 天定期检查更换。这就是气化炉避免不了定期停车的原因。

三、锁渣罐

锁渣罐系统的作用是可连续接受气化炉水浴室排出的灰渣，并将灰渣从系统中排出去。

水煤浆气化炉锁渣罐系统运行分 5 个步骤：灰渣收集、系统隔离、系统卸压、排渣冲洗、充压投用，该过程可以通过自动或手动控制实现。上述每一步都要由系统设置的相关阀门的动作来完成，任何一步动作不正常都将影响系统的顺利进行。渣水混合物的存在、频繁的开关切换，使得阀门结构形式、密封形式以及材料的正确选择显得尤为重要。

锁渣罐的灰渣收集排放周期取决于原料煤中的含灰量，一般半小时排一次渣。生产中反复的减压加压操作，使锁渣罐承受着交变应力的作用，对材料的选择要求较高。

 **能力拓展**

水煤浆气化工艺的关键技术

1. 煤浆制备技术

在水煤浆中加入添加剂以降低煤浆的黏度，使其易于输送和使煤浆中水在较长时间内不析出。根据煤种类别，确定水煤浆的各种粒度分布比例来提高煤浆的固含量，达到不易析水又能输送的最佳固含量值。一般情况，在同等条件下的褐煤、烟煤、贫煤、无烟煤制浆浓度依次增大。

2. 煤浆输送技术

由于煤浆黏度大（$1000 \sim 3000 \text{mPa} \cdot \text{s}$）且含有大量固体颗粒，对运转设备部件磨损很快，因此煤浆的输送多选用隔膜柱塞泵。

3. 烧嘴技术

Texaco 公司多年研究开发了三流道结构的烧嘴，开发了耐温、耐磨的制造烧嘴材料。

4. 耐火砖技术

水煤浆气化炉内衬耐火砖，不但需耐高温而且要求能抵抗煤灰熔渣（SiO_2、Al_2O_3、CaO、MgO 等）的侵蚀。目前水煤浆气化炉、火面耐火砖，采用以氧化铬为主添加少量氧化镁或氧化锆的耐火材料。耐火砖的砌筑设计，既要保证高温气体不能串到炉壁引起气化炉壁超温，又要便于局部更换。

5. 激冷室降温除尘技术

由于气化炉是在较高压力下操作，为使高温的合成气迅速冷却下来，在气化炉燃烧反应室下部设气炉的激冷室。其中有将灰水均匀分布沿下降管内壁均匀流下的激冷环。下降管和上升管组成的二相流上升环隙及挡液板等设计，目的是要在最短时间、最小分离空间达到高温气体冷却饱和及初除尘。

6. 排渣技术

粒状玻璃体的灰渣自激冷室底部排出至锁斗内储存，选用灰渣极不易进入的阀座与阀芯间的耐温、耐磨、快速开关的球阀。排渣系统采用一套逻辑控制操作系统。

任务四
灰水处理

分任务 1　识读灰水处理工艺流程

 想想看

　　自气化来的灰水如何实现气、液、渣的分离？如何回收热量？如何实现水的循环利用？

一、灰水处理系统原理

灰水处理系统是根据亨利定律，利用气体在水中的溶解度随压力的降低而降低的特点，将水中溶解的工艺气分离处理。根据压力和饱和水蒸气温度的对应关系，当压力降低，水的饱和蒸发温度也降低，部分水汽化吸收热量。利用此原理使黑水中溶解的气体分离，降低水温，回收热量。并利用沉降的原理将灰水中混合的细渣分离出来，实现灰水循环利用。

控制原则是确保灰水槽出口温度在45℃以下，灰水中悬浮物小于100mg/L，控制好灰水的pH、总硬度在指标范围内防止结垢，控制除氧槽温度在100℃以上，保证除氧效果。

> **知识窗：灰水处理的任务**
>
> 将气化过程送来的灰渣和黑水进行分离，回收的工艺水循环使用，灰渣及细灰作为废料，送出工段，同时回收热量。
>
> 灰水处理：一般包括洗涤单元，高低压、真闪及分离单元，除氧单元，锁斗冲洗单元，澄清单元，灰水单元，渣池单元，过滤单元等。

二、灰水处理工艺流程

灰处理工艺流程如图 4-23、图 4-24 所示。

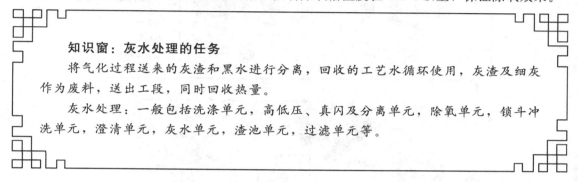
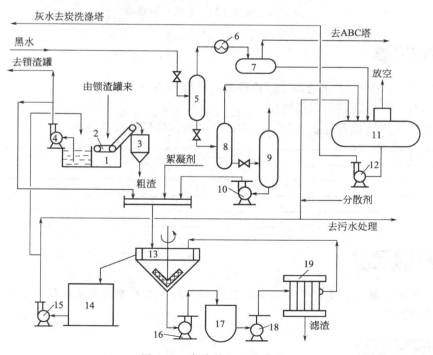

图 4-23 灰水处理工艺流程

1—渣池；2—输送机；3—渣斗；4—渣池泵；5—高压闪蒸罐；6—灰水加热器；

7—分离器；8—低压闪蒸罐；9—真空闪蒸罐；10—沉淀给料泵；11—洗涤塔给料槽；

12—洗涤塔给料泵；13—沉淀池；14—灰水槽；15—灰水泵；16—沉淀池底泵；

17—过滤给料槽；18—过滤给料泵；19—压滤机

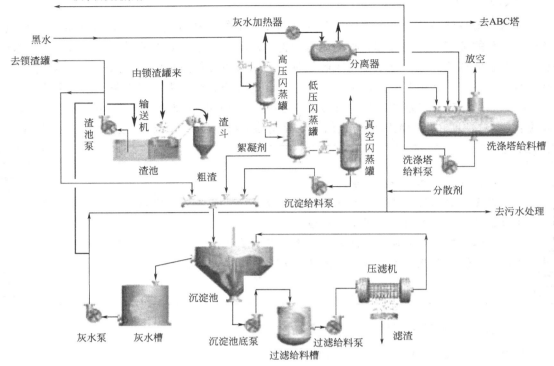

图 4-24　灰水处理工艺流程示意图

　**能力训练**

观察图 4-23、图 4-24 灰处理工艺流程图，简要回答下列问题。

1. 该图是否有标题栏和图例说明_____。

2. 该图中的主要设备有多少台_____，将名称、位号填写下表中。

序号	设备名称	位号

　能力拓展

请运用网络、教材、参考书等渠道，查阅灰水处理工艺流程中灰水经过了几次闪蒸及闪蒸气的主要成分。

　阅读材料

灰水处理工艺流程

从气化炉锁渣罐与水一起排出的粗渣，进入渣池 1，经链式输送机及皮带输送机 2，送入渣斗 3，排出厂区，渣池中分离出来的含有细灰的水，用渣池泵 4 输送到沉淀池，进一步进行分离。

　　由气化工段急冷室排出的含细灰的黑水，经减压阀进入高压闪蒸罐5，高温液体在罐内突然降压膨胀，闪蒸出水蒸气及二氧化碳、硫化氢等气体。闪蒸气经灰水加热器6降温后，水蒸气冷凝成水，在高压闪蒸气分离器7中分离出来，送到洗涤塔给料槽11。分离出来的二氧化碳、硫化氢等气体，送到变换工段的汽提塔中。

　　黑水经高压闪蒸后固体含量有所增高，然后送到低压闪蒸罐8，进行第二级减压膨胀，闪蒸气进入洗涤塔给料槽11，其中的水蒸气冷凝，不凝气体分离后排入大气。黑水被进一步浓缩后，送到真空闪蒸罐9中，在负压下闪蒸出酸性气体及水蒸气。

　　从真空闪蒸罐9底部排出的黑水，含固体量约1%，用沉淀给料泵10送到沉淀池13。为了加快固体粒子在沉淀池中的重力沉降速度，从絮凝剂管式混合器前，加入阴、阳离子絮凝剂。黑水中的固体物质几乎全部沉降在沉淀池底部，沉降物含固体量20%～30%，用沉淀池底泵16送到过滤给料槽17，再用过滤给料泵18送到压滤机19，滤渣作为废料排出厂区，滤液又返回沉淀池。

　　在沉淀池内澄清后的灰水，溢流进入立式灰水槽14，大部分用灰水泵15送到洗涤塔给料槽11。在去洗涤塔给料槽的灰水管线上，加入适量的分散剂，避免灰水在下游管线及换热器中，沉积出固体。从洗涤塔给料槽11出来的灰水，用洗涤塔给料泵12输送到灰水加热器，加热后作为洗涤用水，送入炭洗涤塔。一部分灰分循环进入渣池。另一部分灰水作为废水，送到废水处理工段，防止有害物质在系统中积累。

分任务2　灰水处理系统的操作

　　灰水处理系统的操作主要包含哪些操作？主要控制哪些参数？

一、灰水处理系统的主要运转设备

1. 泵类的操作

　　该系统使用的泵类较多，主要包括水环式真空泵、澄清槽给料泵、低压灰水泵、澄清槽底泵、真空冷凝液泵、洗涤塔给水泵、絮凝剂泵、分散剂泵等，其操作类似，以水环式真空泵为例简述其操作。

> **知识窗：水环式真空泵工作原理**
>
> 　　水环式真空泵的外壳为圆形，壳体内有一偏心安装的转子，转子上有叶片。泵内装有一定量的水，当转子旋转时形成水环，故称为水环式真空泵。由于转子偏心安装而使叶片之间形成许多大小不等的小室。在转子的右半部这些密封的小室体积扩大，气体便通过右边的进气口被吸入。当旋转到左半部，小室的体积逐渐缩小，气体便由左边的排气口被压出。水环式真空泵最高可达85%的真空。为了维持泵内液封以及冷却泵体，运行时需不断向泵内充水。

（1）水环式真空泵开泵前的准备

① 确认设备、电气、仪表工作都已完成。

② 润滑油在正常工作液位，润滑良好。

③ 手动盘车，确认转动灵活、无噪声。

④ 打开密封水截止阀，从流量计中观察控制密封水流量低于正常流量。

⑤ 全开泵的进出口阀、排气阀，排气后关闭排气阀。

（2）开泵

① 点动泵，确认电机旋转方向正确。

② 按泵启动键，启动泵。

③ 逐步开大密封水截止阀，调整密封水流量至正常。

（3）停泵

① 按泵停车键，停泵。

② 关闭泵入口阀、出口阀、密封水截止阀。

③ 打开导淋阀，排净泵内积水，切出检修或备用。

（4）注意事项

① 严格控制密封水流量在正常范围内（由泵生产厂家提供），以防止不能形成真空或叶片机械损坏。

② 定时检查润滑油液位，保持其正常。

2. 真空带式过滤机的操作

（1）工作原理　连续水平真空带滤机是充分利用物料重力和真空吸力实现固液分离的设备。头轮带动滤布向前移动，在真空泵真空吸力的作用下，滤带紧贴在滤盘上，使滤盘随滤布同步向前移动，当滤盘运行到设定位置感应到感应开关时，真空关闭，滤盘返回。滤盘返回到行程止点时，开启真空，换向，又开始进行真空抽滤。过滤、洗涤、吸干在真空运行中分段同时进行，各区段之间用隔离器分开。在过滤机前端头轮处进行滤饼的排卸。滤布经清洗再生后，再加料进行过滤程序。

（2）准备阶段操作要点

① 开车前检查现场，尤其是注意滤带、传动部分有无坚硬物卡住。

② 检查供电、水、气、料是否正常。

③ 检查头轮表面清洁，无杂物沾染。

④ 检查头轮与导轨的垂直度。

⑤ 检查自动纠偏装置功能正常。

⑥ 检查润滑油位处于正常液位。

⑦ 检查滚刷转动和喷水正常。

⑧ 调节辊需要移动位置时，必须预先移动好。

（3）开车

① 启动空压机送气，打开气控柜的气源阀门。

② 给真空切换阀、自动纠偏装置送气并调整压力，手控操作检查工作是否正常。

③ 打开张紧汽缸控制阀，调整压力，手控检查部件工作是否正常。

④ 启动主电机，刷辊电机，送清洗水适量。

⑤ 给自动纠偏装置送气，调整压力，手控操作检查部件工作是否正常。

⑥ 调整带速空载运行一周正常后开启真空泵，加料，并调节加料量同时调节气动操作压力至适度。

（4）运行

① 检查排液罐的排液情况，并保持正常。

② 及时检查洗涤装置，确保滤带得到再生性清洗。

③ 定时检查滤带的防皱和再生情况，并保持正常。

④ 控制气压，保持真空度在正常范围内。

⑤ 定期清理纠偏辊滑道保持无异物。

（5）停车

① 逐渐减小过滤机的进料量，同时降低气动操作压力，减小洗涤液流量。

② 待滤带上完全无料后需继续空载运行数周，洗刷滤带。

③ 停真空泵、压力气源，按主机停车按钮，刷辊停止键，关闭水源截止阀。

④ 关闭张紧汽缸控制阀，使张紧辊回收，滤布松弛，检查全部汽缸活塞杆缩回。

二、灰水处理系统的主要操作

灰水处理系统主要是实现气、水、细渣的分离，其操作的核心是闪蒸系统。闪蒸系统的作用可概括为：热量回收，液体浓缩。闪蒸系统包括高压闪、低压闪、真空闪，其中高压闪蒸罐、低压闪蒸罐、真空闪蒸罐的作用和工作原理是一样的，只是各自的工作压力不同，它们的内部结构都比较简单，在物料进口处有挡液板，出口处有破涡流板及除沫器等装置。

气化炉洗涤塔排水经过减压后进入高压闪蒸，控制压力低于气化炉和洗涤塔 $0.5 \sim 1.0 MPa$，保证排水正常，防止细灰在管线内沉降堵塞，由自调阀控制液位和压力。除氧后的灰水经高压灰水泵加压后经加热送往气化工序给洗涤塔补水。

低压闪蒸来的黑水进入真空闪蒸上段，一级闪蒸后进入下段进行二级闪蒸，闪蒸后的黑水由澄清槽给料泵送入澄清槽。闪蒸塔的稳定后控制阀投入自动状态，液位可设置在 50% 左右。闪蒸塔上段的闪蒸气经换热降温后进入气水分离器气水分离，气相不凝气体直接进真空泵，冷凝液经液位调节阀送入气水分离器，上段压力控制在 $-0.07 MPa$ 左右。下段闪蒸气经换热器降温后进气水分离器气水分离，气相经喷射器及换热器进入水环式真空泵，下段压力由进气阀控制，压力控制在 $-0.09 MPa$ 左右，分离器中的冷凝液送入澄清槽的中间。

 能力拓展

请运用网络、教材、参考书等渠道，查阅灰水处理系统操作常见的异常现象。

 阅读材料

灰水处理系统操作常见的异常现象、原因、处理方法

1. 高压闪蒸压力异常（表4-3）

表 4-3 高压闪蒸压力异常现象、原因及处理方法

异常现象	原因分析	处理方法
高压闪蒸压力异常	压力波动大	调整为手动状态,稳定后投自动
	气化炉、洗涤塔堵塞	疏通气化炉洗涤塔排水
	阀门堵塞、卡涩、阀芯脱落	将阀门切出,进行处理,或投用另一路减压阀
	阀前压力低	调整阀门开度,如果阀位太小,通知仪表人员检查

2. 高压闪蒸气压力异常（表4-4）

表4-4　高压闪蒸气压力异常现象、原因及处理方法

异常现象	原因分析	处理方法
高压闪蒸气压力异常	压力波动大	调整为手动状态,稳定后投自动
	检查气化炉洗涤塔排水是否正常	及时处理气化炉洗涤塔排水
	减压阀卡涩、堵塞、阀芯脱落	投用另一路减压阀

3. 澄清槽底泵不打量（表4-5）

表4-5　澄清槽底泵不打量异常现象、原因及处理方法

异常现象	原因分析	处理方法
不打量,没有流量	泵进口堵塞	关闭澄清槽底部柱塞阀,打开原水进行冲洗
	澄清槽底部堵塞	停泵关出口阀进行反冲
	冲洗效果不佳时	打开澄清槽底部排污排地沟疏通

4. 真空系统真空度降低，负压建立不起来（表4-6）

表4-6　真空系统异常现象、原因及处理方法

异常现象	原因分析	处理方法
真空度低,灰水温度升高	真空泵故障,抽负能力差	开启备用泵,停泵检查
	密封水量大,或回流量大	调整密封水量
	设备管道法兰产生漏气	检查泄漏点,进行处理
	不凝气体管道堵塞	疏通不凝气体管线

5. 高低压真空液位计失灵（表4-7）

表4-7　高低压真空液位异常现象、原因及处理方法

异常现象	原因分析	处理方法
高低压真空液位计失灵	汽液相取压管堵塞	通知仪表人员进行确认处理
	冲洗水压力低	通知相关岗位进行水压调整
	取压表坏	通知仪表人员进行更换

6. 高压灰水泵出口压力低（表4-8）

表4-8　高压灰水泵出口压力异常现象、原因及处理方法

异常现象	原因分析	处理方法
高压灰水泵出口压力低	进口滤网堵,进水量低	切换进口滤网,进行清理
	除氧槽液位低	提高除氧槽液位,检查除氧槽液位是否假液位
	回流量大	回流阀门内漏严重,倒泵检修
	灰水加热器 E1401 内漏严重	检查 V1402 排水量是否正常
	气化炉耗水量大	气化工序进行用水量检查

能力训练

1. 灰水处理过程工艺流程是怎样的？画出其流程方框图。

2. 分组讨论：灰水处理系统原始开车如何进行？长期停车如何操作？常见的不正常现象有哪些？如何处理？

任务5
气化炉的生产操作

原始开车的步骤有哪些？水煤浆气化炉的操作要点有哪些？

1. 原始开车

新建或大修后的开车，称为原始开车，由于气化炉是由常温状态开车，也称为冷态开车，其步骤如下。

（1）开车前的准备　系统内所有设备安装或检修完毕，并验收合格，设备及管道清理干净；电子计算机及自控仪表的各项功能经验证正常完好。自动阀门，传送器，以及温度、压力、流量、液位等测量装置正确无误，达到安全的要求；全部辅助设施已经开车，高低压蒸汽、仪表空气、中压氮气、预热用煤气、火炬点火用燃料气、新鲜水、电源、化学药品等供应已齐备，并送入车间管网截止阀前；水煤浆制备系统已经开车，并生产出合格的水煤浆，储备于煤浆槽中待用；空分装置已开车，能提供合格的氧气和氮气。循环冷却水系统和废水处理系统已经开车，达到使用要求；所有转动设备单体试车合格，处于备用状态；向系统通入氮气，将压力升至正常操作压力进行试压试漏，用肥皂液检查泄漏处，压力降在 1h 内不超过 0.1MPa。

（2）气化炉耐火衬里开车前需要进行预热升温　气化炉预热升温也称为烘炉，目的是缓慢除去耐火衬里中的水分，以防开车时在高温下水分急速蒸发，使耐火衬里损坏。同时烘炉时，将耐火衬里的温度升到 1200℃ 以上，为开车时投料点火创造条件。烘炉的步骤如下：向渣池和洗涤塔加入新鲜水达到正常液位，启动预热水循环泵，向急冷室加入热水，然后沿黑水管道流入渣池，建立急冷室热水循环回路；向开工抽引器分离器加水至正常液位，向抽引器加入 13MPa 蒸汽，启动开工抽引器。调节蒸汽流量，使气化炉内保持 18kPa 的真空度；用耐压软管将预热喷嘴和燃料气管连接起来，稍开预热喷嘴的风门和燃料气阀，在炉外点燃喷嘴，用电动吊车将喷嘴吊入炉内，安装在气化炉上，对气化炉进行烘炉；适当调节炉内负压、燃料气流量及风门开度，严格按照耐火材料制造厂提供的升温曲线，对耐火衬里进行预热升温。当气化炉预热到最终温度后，将炉温维持在 1200℃ 以上，等待投料开车；在升温过程中要及时增加激冷水量，防止因高温损坏急冷室。同时渣池水温不能超过 70℃，防止离心水泵发生高温汽蚀。

（3）启动冷凝液泵向洗涤塔供水　启动激冷水泵向急冷室供水，调节好液位。将系统热水加入沉淀池和灰水槽，启动灰水泵，向洗涤塔给料槽供水，然后启动洗涤塔给料泵向洗涤塔供水，建立起灰水循环回路。

（4）启动真空泵　使真空闪蒸系统达到负压状态。出急冷室的水加入闪蒸罐，停预热水循环泵。同时锁渣罐自动控制系统和喷嘴冷却水系统分别投入运行。

（5）气化炉投料点火。

（6）气化炉升压操作步骤如下：逐渐提高背压控制器的给定值，对系统逐渐进行升压，按每分钟升压0.1MPa的速率升到规定的压力。升压过程中应注意炉温及炉压等工况的变化，出现问题应及时调节处理；气化炉压力升至1MPa时，检查系统密封情况；气化炉压力升至1.2MPa时，黑水排入高压闪蒸罐，高、中压闪蒸罐系统投入运行，将闪蒸罐的液位调节至正常液位。

（7）打开沉淀池底泵，向压滤机供料，使压滤机系统投入运行。

（8）开车结束后，将生产负荷由50％逐渐增加到满负荷。在加量时，必须先增加煤浆量，再增加氧气量，而且每次增加量不能过大，确保炉温平稳。同时将系统的各项工艺指标调节到正常值。当洗涤塔出口气体成分符合要求后，送到后系统，转入正常生产。

短期停车后再次开车时，由于炉温较高，也称为热态开车。在这种情况下开车时，省去了检查、置换、烘炉等过程。若开车时炉温在1000℃以上，直接投料点火开车。若炉温低于1000℃，需要预热到1000℃以上，再按投料点火开车步骤进行开车即可。

2. 气化炉的停车操作

（1）长期停车　长期停车是指系统全部停车，气化炉处于常温、常压状态的较长时间停车。长期停车一般是为了气化炉系统进行检修，其步骤如下：通知调度室、空分及净化准备停车，通知气化系统各岗位做停车准备；逐渐减负荷至50％左右，减量时按先减氧气、再减煤浆的顺序，分阶段平稳进行；适当增加氧煤比，将气化炉温度升到比正常操作温度高100～150℃，维持30min左右，以便除去炉壁挂的灰渣；逐渐打开煤气去火炬系统的阀门，将煤气全部送到火炬系统。完成上述停车准备工作后，按下述步骤进行停车：关闭氧气阀；关闭煤浆阀，停煤浆泵；打开冷灰水吸入阀，将冷灰水送入急冷室，防止洗涤塔内黑水因压力降低造成闪蒸而使泵抽空；打开喷嘴冷却水阀，以保护喷嘴；用高压氮气吹除喷嘴处的氧气管道和煤浆管道；逐渐打开系统去火炬的背压放空阀，以每分钟0.1MPa的速度卸压，严防卸压速度过快，造成设备及火炬损坏。炉压降至1.2MPa以下时，急冷室和洗涤塔排出的黑水排入真空闪蒸罐。当急冷室水温达到190℃时，关闭去真空闪蒸罐的阀门，将黑水排入地沟，同时启动预热水循环泵向急冷室供水，打开渣池新鲜水补充阀，用新鲜水供急冷室；停激冷水泵、洗涤塔给料泵、渣池泵、灰水泵、破渣机、锁渣罐循环泵及锁渣罐自动控制系统，并用水冲洗煤浆管道；气化炉内压力降至常压后，用氮气置换气化炉系统，经放空阀排入火炬。当置换气中（CO＋H₂）＜0.5％为合格；开启开工抽引器，使气化炉真空度保持在4kPa左右。拆下工艺喷嘴，停喷嘴冷却水泵；通过自然通风，将气化炉温度降至50℃以下，停开工抽引器。打开人孔，检修人员可进入炉内进行检修。

（2）紧急停车　气化炉系统设有安全联锁装置，当有下列任何情况出现时，气化系统就会自动停车：煤浆流量过低；煤浆泵转速过低；氧气流量过小；急冷室出口气体温度过高；急冷室液位过低；仪表空气中断；停电；喷嘴及冷却水泵系统出现故障。

一旦出现紧急停车现象后，自动停车装置动作，气化系统将按照规定的停车步骤停车。停车后操作人员要立即查找造成停车原因，并及时排除，然后按开车步骤重新开车。

对于短时间停车，气化炉需要保温。保温方法是换上预热喷嘴，维护气化炉温度，开车时再换上生产喷嘴。

（3）正常操作　正常操作时主要调节内容：正常操作主要是精心调节氧气流量，保持合适的氧煤比，将炉温控制在规定的范围内，保证气化过程正常进行；调节磨煤机生产能力，使之与气化炉煤浆需用量相匹配。同时定期分析煤浆颗粒分布及煤浆浓度要符合要求；要经常检查炉渣排放情况，确保气化炉能顺利排渣，无堵塞现象；分析煤气中微粒含量，若超过指标，应加大文氏洗涤器及洗涤塔水量；检测沉降池灰水中颗粒沉降速度，并根据检测结果调整絮凝剂加入量；及时检查和调节喷嘴、急冷室、文氏洗涤器、洗涤塔的冷却水量和水温，并进行水质分析，使各项指标达到工艺要求。

 阅读材料

气化炉的点火

高压灰水供水系统调整到正常运行流程，做好开车准备工作；火炬系统点燃常明小火炬；当气化炉预热至1200℃后，拆除预热喷嘴，安装好工艺喷嘴，连接好有关管线。关闭开工抽引器的蒸汽阀；用氮气置换气化炉至洗涤塔间的设备和管道，洗涤塔后置换气中氧含量小于2%为置换合格；启动煤浆泵，煤浆经循环回路返回煤浆槽，建立开工所需的煤浆流量；空分车间送合格的氧气，将压力调节到正常生产规定的压力，然后放空，建立开工所需氧气流量；投料开车：打开喷嘴中心管氧气阀，流量一般为氧气总量的20%左右。打开煤浆阀，将煤浆通过喷嘴喷入气化炉内，开车时煤浆流量为正常生产时的50%左右。然后打开氮气吹除阀，向炉内通入高压氮气；打开氧气阀，向炉内通入氧气点火（由于炉温被预热到1000℃以上，煤浆和氧气入炉后立即会点火燃烧），此时若气化炉温度上升、火炬管有大量气体排出，证明投料点火成功，否则投料点火不成功。若投料点火不成功，应立即按停车步骤关闭氧气阀和煤浆阀，用氮气置换，当炉温在1000℃以上时，再按上述投料步骤进行投料开车；气化炉投料点火成功后，及时调节入炉煤浆和氧气流量，将炉温控制在1420℃左右，调节好急冷室和洗涤塔的液位，检查喷嘴冷却水系统是否正常，并使系统各项工艺条件保持稳定。

气化炉不正常现象及处理方法见表4-9。

表4-9　气化炉不正常现象、原因及处理方法

现　　象	原　　因	处理方法
煤浆浓度过大	磨煤岗位加煤量增加或水量减少	减少煤量或增加水量；给煤浆槽中加水稀释至要求的浓度
	煤浆温度过低	向煤浆槽蒸汽夹套通蒸汽加热
	煤浆中添加剂量减少；煤粉粒度过细	增加添加剂量；调整煤粉粒度或降低煤浆浓度
煤浆管道堵塞	管道内物料静止时间过长，或管内进入杂物	拆开管件疏通
出渣口堵塞	炉温低于炉灰的熔点温度，液态渣的黏温特性不好，流动性差	用水冲洗；调整氧煤比，提高炉温，保证液态排渣
炉渣中夹带大量未燃烧的炭，气体成分有波动，碳转化率低	喷嘴磨损，发生偏喷现象，雾化效果差；中心管氧量调整不当，氧煤比不合理，炉温过低	调整氧煤比和中心管的氧量，提高炉温，必要时更换喷嘴
气化炉壁温过高	局部耐火砖衬里脱落，高温气沿砖缝串气，或者炉温过高	降低炉温，检查表面热电偶的准确性，必要时停车检查耐火衬里

续表

现　象	原　　因	处理方法
破渣机超载停车	炉内有大块落砖,或者破渣机出现机械故障	停车查找原因,及时排除
氧气管线着火燃烧	氧气管线不干净,有油脂或其他杂质	迅速切断氧气源,关闭阀门,用高压氮气吹除着火的氧气管线,待火熄灭后,对氧管线进行脱脂处理,并清除管内杂质
煤浆流量不稳定或无流量	泵吸入口压力太低,阀门未开,煤浆温度过高,泵内有空气,或者泵出口管道堵塞等	提高煤浆槽液位,打开阀门,降低煤浆温度,向泵内补加液体排气,或者用水冲洗管道
气化炉内过氧爆炸	投料时煤浆未先进炉,而氧气先入炉,或者因氮气吹除和置换不完全	用氮气充分吹除和置换,投料时一定要先加入煤浆,再加入氧气。 用高压氮气吹除,查找原因及损坏程度,及时处理
出洗涤塔气体带水,温度不稳定	洗涤塔液位过高、洗涤液分布不均、有拦液现象或者除沫器堵塞	降低洗涤塔液位,适当减少洗涤水量,必要时停车处理

1. 分组讨论：水煤浆加压气化原始开车如何进行？长期停车如何操作？常见的不正常现象有哪些？如何处理？

2. 小组讨论，水煤浆加压气化原始开车步骤。

项目五

粉煤加压气化过程

 学习目标

1. 了解粉煤加压气化技术的发展背景，开发过程以及国内应用现状。
2. 认识粉煤气化的原料，并掌握原料的特性要求。
3. 熟悉粉煤制备的工艺流程，掌握主要设备的结构和开、停车过程。
4. 能运用热力学和动力学的知识分析粉煤气化反应影响因素。
5. 重点学习 Shell 气化技术的工艺流程和主要设备结构。
6. 掌握 Shell 气化系统的开、停车操作过程。
7. 掌握 Shell 气化正常运行过程中的主要控制点和控制指标。

20 世纪 70 年代后期以来，荷兰、德国相继开发了干煤粉加压气化炉，其炉型分别为 Shell 炉、GSP 炉、K-T 炉和 Prenflo 炉。这些气化方法的基本原理相同，只在加煤方式、炉结构、排渣等方面略有差异。干煤粉喷流床气化装置在我国也得到较快发展，国内许多高校和科研院所在消化吸收国外技术的同时，不断开发出适合我国国情的具有自主知识产权的产品，如航天炉、新型（多喷嘴对置式）气流床干煤粉加压气化炉和清华炉等。

本书主要针对 Shell 气化炉介绍干煤粉制备的工艺流程及设备，粉煤气化的原理和工艺流程，Shell 气化的工艺流程和开停、车操作等方面的内容。

> **知识窗：粉煤加压气化技术**
>
> 粉煤加压气化是一种典型的气流床气化工艺，它以粒度小于 0.1mm 的干粉煤为原料，由气化剂将粉煤夹带入炉，煤与气化剂并流加入进行燃烧和气化，气化炉火焰中心温度达到 2000℃左右，受反应区间的限制，气化反应必须在数秒内完成。

任务 1
干煤粉的制备

 粉煤加压气化要求采用干煤粉进料，而化工生产企业从煤矿采购的原煤一般是块煤和碎煤，外水含量也比较高，如何对原煤进行磨制呢？对煤粉的粒度有什么要求吗？采取什么办法来降低煤粉中的水含量呢？请对比前面学习过的水煤浆制备过程谈一谈你的看法。

分任务 1   识读干煤粉制备工艺流程

一、认识干煤粉

煤是有机物和矿物质的复杂混合物。有机物由固定碳、挥发性物质和水分组成。矿物质存在于煤灰和渣中，主要成分是：SiO_2、Al_2O_3、Fe_2O_3、CaO、K_2O、Na_2O 等。

适用于粉煤气化煤的主要特性及适用范围见表 5-1。

表 5-1   粉煤气化煤的主要特性及适用范围

特性	适用范围	特性	适用范围
水分(收到基)/%	4.5～30.7	灰中含量/%	
灰含量(无水基)/%	5.7～35.0	Na_2O	0.1～3.1
氧(无水基)/%	5.3～16.3	K_2O	0.1～3.3
S(无水基)/%	0.3～5.2	CaO	1.2～23.7
Cl(无水基)/%	0.01～0.4	Fe_2O_3	5.9～27.8
高位发热量/(MJ/kg)	22.8～33.1	SiO_2	20.9～58.9
		Al_2O_3	9.5～32.6

与系统有关的煤特性是煤的总水分。煤的总水分越高，磨煤时需要供给的惰性气体热量越多。

煤的哈氏可磨指数（HGI）表示煤磨碎的难易程度，指数越低，煤越难磨。

煤的灰熔点通常指灰熔性流动温度。灰熔性检测包括煤的初始变形温度（DT）、软化温度（ST）、半球温度（HT）和流动温度（FT）。对于气化炉，流动温度是灰渣流动能力的指示，气化温度总是比这个温度高，因为气化炉耐火膜壁需要熔渣均匀挂壁，然后沿壁下流通过排渣口流出。灰渣的流动温度（FT）一般在 1200～1500℃ 范围内。

高灰熔点的煤一般使用石灰石为助熔剂，以降低流动温度。

煤粉是由尺寸不同、形状不规则的颗粒所组成。煤粉具有流动性，煤粉颗粒很细，单位质量的煤粉具有较大的表面积，表面可吸附大量空气，从而使其具有流动性，便于气力输送，缺点是易形成煤粉自流，设备不严密时容易漏粉。图 5-1 和图 5-2 为干煤粉。

图 5-1   干煤粉

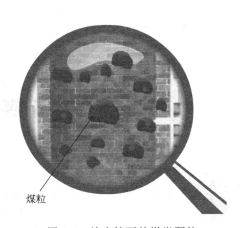

煤粒

图 5-2   放大镜下的煤炭颗粒

符合粉煤加压气化要求的煤粉，其煤粉粒度分布及含水量应满足下述要求：

粒度分布：$<90\mu m$，占比$>90\%$；

　　　　　$<5\mu m$，占比$\leqslant10\%$。

含水量：$<2\%$且$>1\%$。

二、干煤粉制备工艺流程

干煤粉制备系统由磨煤、惰性气体、粉煤过滤三个单元组成。在磨煤机中粒度$\leqslant13mm$的碎煤和合格粒度的石灰石在一定的比例下，在惰性环境和微负压条件下，在磨机中被碾磨和干燥。惰性气体带动粉煤进入袋式过滤器中完成气体和粉煤的分离，煤粉随后从袋式收集器中被送到煤加压及给料系统。干煤粉制备工艺流程见图5-3。

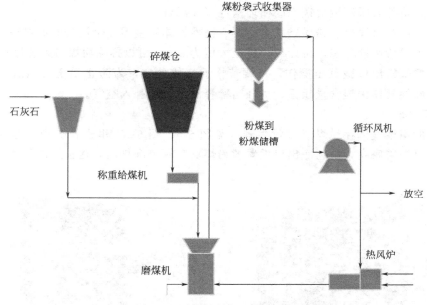

图5-3　干煤粉制备工艺流程图

1. 磨煤及干燥

从储存和运输系统送来的原料煤储存在原料煤储仓中，原料煤经破碎机（见图5-4）破碎成粒度$\leqslant13mm$的碎煤，经振动料斗及称量给料机（见图5-5）计量后送到磨煤机内，经

图5-4　破碎机

图5-5　称量给料机

磨煤机的三个磨辊研磨后，被通入磨煤机的 $110\sim300℃$ 热惰性气体干燥，并吹送至磨煤机上部的旋转分离器筛分，细粉吹送去粉煤袋式过滤器，粗颗粒粉煤从分离器掉回磨辊下重新研磨。根据需要可添加一定比例的小颗粒石灰石。

粉煤的粒径由热惰性气体流量、磨煤机磨辊的压力和旋转分离器的转速进行控制。原料煤储仓上装有煤仓排风过滤器和煤仓引风机进行除尘排风。原料煤储仓配有氮气分配环以能够熄灭煤的自燃。

为了防止粉煤进入磨煤机内的轴密封和轴承，用来自密封风机的空气进行压力吹扫。磨煤机下部设有废料箱以收集排出的因太硬无法磨碎的石块及铁块异物。

2. 惰性气体

加热粉煤的热量来源于惰性气体发生器。在惰性气体发生器内，燃料气与匹配比例的燃烧空气进行燃烧并与循环风机送来的循环惰性气体混合。

热惰性气体在磨煤机、粉煤袋式过滤器、惰性气体发生器三个设备间通过循环风机进行循环使用。为保持惰性环境，设计氧含量最大值为 8%，可以排除粉煤自燃和爆炸的危险。

为维持磨煤机出口微负压操作，可调节惰性气体放空，为防止系统负压过高可补入氮气。为防止惰性气体中湿含量超标，可开启稀释风机，增补入空气。

3. 粉煤过滤

含粉煤的惰性气体在粉煤袋式收集器（见图5-6、图5-7）里进行分离。分离下的粉煤逐步堆集在过滤器底仓，由仓底出口设置的粉煤旋转卸料阀排出，送去煤加压及进煤系统的粉煤储罐。

图5-6　袋式收集器

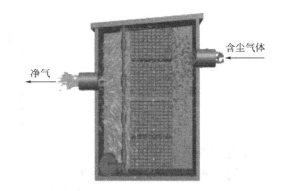

图5-7　袋式收集器工作原理简图

经滤袋过滤的循环惰气［粉煤含量小于 $10mg/m^3$（标准状况）］通过循环风机送去惰性气体发生器。粉煤袋式收集器滤袋的清扫需用氮气吹扫。取样在粉煤螺旋输送机上游，以取样检测粉煤粒度、水分和灰熔点。

三、干煤粉磨制系统

磨机的选择要结合生产规模、原煤性质、操作条件及经济性等多方面考虑。一般情况下，当煤质硬度大（无烟煤、贫煤），磨蚀性较大时，选用风扫式钢球磨系统，当煤质硬度小，原煤水分较大，磨蚀性较小，且煤源供应稳定时，宜选用立式辊磨系统。

1. 风扫式钢球磨系统

由于进厂原煤水分一般为 $4\%\sim15\%$，原煤在粉磨过程中需要进行烘干，为增强烘干能力，大型磨机都带有烘干仓。原煤喂料后，先在烘干仓内烘干，烘干后的原煤进入磨煤机粉磨并继续烘干，粉磨后的煤粉由热风机带出磨机，进入高浓度防爆型粉煤袋收尘器收集处理，收集的煤粉经输送机送入粉煤仓中，废气由风机排入大气。球磨机工作原理见图5-8。

在筒内装有一定数量的钢球，当转动部转动时，钢球在离心力和摩擦力作用下，被转动着的筒体提升到一定高度，由于自身重力的作用而下落，进入筒体的煤在钢球的撞击和研磨下形成粉末。

钢球磨煤机（见图5-9）最突出的优点是煤种适应性广，运行安全可靠，维修较方便。对磨制煤种的可磨性指数和磨损指数没有任何限制。它可磨制包括褐煤在内的所有煤种。特别适合于磨制无烟煤等煤种。这是因为：无烟煤煤粉着火温度高，要求煤粉细，而且制粉系统设计要求热风送粉，采用其他类型磨煤机都难于达到燃烧要求的煤粉细度。

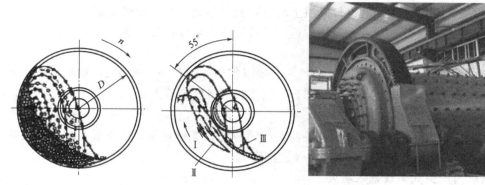

图 5-8　球磨机工作原理　　　　　　　　图 5-9　钢球磨煤机实物图

然而，钢球磨煤机及其制粉系统也有很多缺点：诸如系统复杂、运行电耗高、制粉管道长、部件多、占地面积大、占用空间大、耗钢多、磨损大、噪声大、爆炸事故多等。

2. 辊式煤磨系统

各种立式辊磨磨煤机的工作原理基本相似，在压紧力的作用下受到挤压和碾磨而被粉碎成煤粉。其工作方式为物料从磨机上方中心喂入磨盘，同时热风从进风口进入磨内。电动机通过减速机带动磨盘转动，物料在离心力的作用下，向磨盘边缘移动，经过磨盘上的环形槽时受到磨辊的碾压而粉碎，细料由自下而上的高速热风带至设在磨机顶部的分离器分选，细度合格的粉煤随气体排出磨外，不合格的则返回。

磨内继续粉磨。辊磨磨煤机工作原理见图5-10和图5-11。

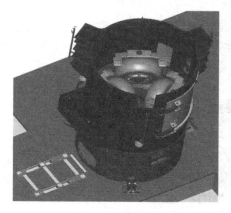

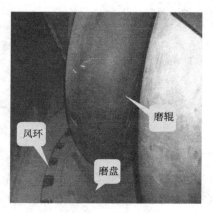

图 5-10　辊磨磨煤机　　　　　　　　图 5-11　辊磨磨煤机内部结构

含有水分的物料在与热气流的接触过程中被烘干，通过调节热风温度，能满足不同湿度物料要求，达到所要求的产品水分。

四、粉煤制备的安全措施

为防止煤粉制备系统发生燃烧、爆炸事故，要在系统各部位采取有效措施，以预防煤粉的集聚，可设置各种防爆设施。如防爆阀、一氧化碳测定仪、惰性气体灭火装置等。主要措施如下。

1. 加设防爆阀

防爆阀设于需保护的设备和管道上，其位置应便于监视及维修。防爆阀爆炸炸出的气体应不危及人行通道、电缆和设备。排至空旷处。

当采用球磨机磨煤时，进口及出口管道上均应设置防爆阀。另外分离设备顶部，粉煤仓顶部，收尘器顶盖上部，收尘器及排风机的进、出口管道等均应设置防爆阀。

2. 加设灭火装置

粉煤堆积时间久，温度升高易发生自燃，一般以惰性气（CO_2、N_2）及泡沫、粉末等灭火材料进行灭火。袋式收尘器锥体灰斗部分，因下料不畅容易着火。

3. 加设自动监测装置

煤磨进口，袋式过滤器进口及灰斗设置温度监测装置，煤粉仓顶及锥体进行温度及 CO 含量监测，袋式过滤器入口进行 CO 和 O_2 含量监测。

4. 防止系统内产生火源或带入明火

热风炉内的火星、高温熟料细颗粒被吸入磨道会造成明火燃烧，铁件带入立磨中硬摩擦产生火花，以及煤粉进行焊接等都是导致燃烧的危险因素。

此外，在工艺布置、设备选型和生产操作上，要特别注意煤粉集聚。如设计中一般不采用水平管道和直弯管道，而代之以 70°上升和 45°下降的斜管道，力求管壁光滑，机械输送设备表面涂塑，尽量减少系统内部活动部件等。

 **能力训练**

1. 分组讨论，简述干煤粉制备工艺过程。
2. 查阅资料，简述风扫式钢球磨、辊磨磨煤机的工作原理。

能力拓展

请运用网络、教材、参考书等渠道，查阅防止煤粉制备系统发生燃烧、爆炸事故的措施。

分任务 2　干煤粉制备系统的操作

一、启动前的准备工作

（1）现场对系统设备进行巡检，确认设备是否具备开机条件。

（2）进行联锁检查，确认现场所有设备均打到"中控"位置，并处于备妥状态。

（3）检查原煤仓、煤粉仓料位。

（4）通知巡检员确认灭火系统可随时投入运行。

（5）检查各挡板、闸阀位置是否正确，动作是否灵活。

二、干煤粉制备系统开车

（1）检查煤粉制备系统具备启动条件，确认袋收尘温度，各挡板关闭，检查关闭冷风阀及热风阀。

（2）启动煤磨辅助设备组，确认各润滑系统正常。高压油泵启动10min后煤磨方可启动。如果油温过低，则先投入电加热。

（3）启动煤粉输送设备组，调整煤粉仓入口气动开关阀开度。

（4）启动煤磨排风机正常后，启动袋收尘组，调节相应挡板，使磨入口处保持微负压（−100～−150Pa），启用热风炉，热风炉出口温度保持在200～250℃。

（5）启动煤磨主电机组，并通知化验室。

（6）逐渐调整各风门、挡板开度，注意系统温度变化，控制出磨气体温度≤75℃。

（7）启动原煤喂料机，依据原煤的情况和煤粉质量的要求，根据磨机电流、差压、进出口气体温度等参数调整给料机喂煤量。同时调整各挡板开度，确保煤磨稳定运行。

（8）如果，磨进口热源切换至热风炉，其余操作同上，控制磨产量，保证质量。

三、煤粉制备系统正常调整

1. 喂煤量的控制

（1）磨机在正常操作中，在保证出磨煤粉质量的前提下，尽可能提高磨机的产量，喂料量的多少通过给料机速度来调节，根据化验室提供的原煤质量，喂料量的多少可根据磨机的电流、进出口温度、差压等参数来决定，在增减喂料量的同时，调节各挡板开度，保证磨机出口温度。

（2）原煤水分增大，喂煤量要减少，反之则增加，也可用调节热风量的办法来平衡原煤水分的变化。

（3）原煤易磨性变好，喂煤量要增加，反之则减少。

2. 煤磨差压

煤磨差压的稳定对煤磨的正常运转至关重要。差压的变化主要取决于煤磨的喂煤量、通风量、煤磨出口温度、磨内隔仓板的堵塞情况。在差压发生变化时，先看原煤仓下煤是否稳定。如有波动，通知巡检员检查处理，并在DCS上作适当调整稳定煤磨喂料量。如原煤仓下煤正常，查看磨出口温度变化，若有波动，可通过改变各挡板来稳定差压。

3. 煤磨进、出口温度

煤磨出口温度对保证煤粉水分合格和煤磨稳定运转具有重要作用，尤其是风扫煤磨更为敏感。出口温度主要通过调整喂煤量、热风挡板和冷风挡板来控制。

4. 煤粉水分

为保证出磨煤粉水分达标，根据喂煤量、差压、出入口温度等因素的变化情况，通过调整各风门、挡板开度，保证煤磨出口温度在合适范围内。

5. 煤粉细度

为保证煤粉细度达标，在煤磨操作中，通过调整喂料量和系统通风量来加以控制。若出现煤粉过粗，可降低系统的通风量、减少喂煤量等方法来控制。若出现煤粉过细，可增大系统的通风量、增加喂煤量等方法进行调节。

四、干煤粉制备系统停车

装置停车包括正常停车和事故停车，事故停车包括了紧急停车。

正常停车前已做好停车准备，而事故停车（包括紧急停车）可能由装置内故障或事故引起，也可能是上下游装置故障或事故触发的。

1. 正常停车

（1）联系调度，做好停磨准备。

（2）停止原煤输送，确认原煤仓料位，如长时间停磨（预计 8h 以上）应将原煤仓放空，以防结块自燃。

（3）关小热风挡板开度，开大冷风挡板开度，调节给料机喂煤量至最小，降低煤磨出口温度。

（4）当煤磨出口温度下降至 60℃ 时，关闭入磨热风挡板，停煤磨高温风机，停磨机喂料，如果较长时间停磨应将磨内积粉抽空。

（5）停磨 20min 后，通知巡检员检查袋收尘灰斗及煤粉输送设备内有无煤粉积存，抽空后可停风机设备和煤粉输送设备。

（6）关闭收尘器入口和出口挡板，密切关注系统温度，防止系统着火。

（7）煤磨低压油泵在停磨后运转 48h 停运。

2. 事故停车

由操作工启动紧急停车按钮或某些参数达到跳车值触发大联锁，系统会自动完成主要设备的停车。

任务2
粉煤的气化

　　煤气化的原料是煤粉、氧气和水蒸气，出气化炉的气体组成以 CO 和 H_2 为主，在 Shell 气化炉内究竟发生了怎样的化学反应呢？如何通过影响因素的调节提高煤粉中碳的转化率，同时提高有效气的比例呢？

分任务 1　熟知粉煤气化的原理

一、气化反应热力学

粉煤加压气化炉是气流床反应器，也称之为自热式反应器，在加压无催化剂条件下，煤和氧发生部分氧化反应，生成以 CO 和 H_2 为有效组分的粗合成气。Shell 粉煤加压气化炉结构见图 5-12。

整个部分氧化反应是一个复杂的多种化学反应过程，该反应过程大致分为三步进行。

1. 裂解及挥发分燃烧

当粉煤和氧气喷入气化炉后，迅速被加热到高温，粉煤发生干馏及热裂解，释放出焦油、酚、甲醇、树脂、甲烷等挥发分，水分变成水蒸气，粉煤变成煤焦。在此区域，由于氧浓度高，在高温下挥发分完全燃烧，同时放出大量热。因此，煤气中不含有焦油、酚、高级烃等可凝物。

2. 燃烧及气化

煤焦一方面与剩余的氧气发生燃烧反应，生成 CO_2 和 CO 等气体，放出热量。另一方面，煤焦和水蒸气、CO_2 发生气化反应，生成 H_2 和 CO。在气相中，H_2 和 CO 又与残余的氧发生燃烧反应，放出更多的热量。

3. 气化

此时，反应物种几乎不含有 O_2。主要是煤焦、甲烷等和水蒸气、CO_2 发生气化反应，生成 H_2 和 CO。

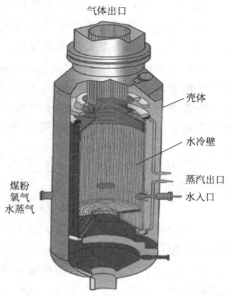

图 5-12 Shell 气化炉结构简图

其总反应可写为：

$$C_nH_m + (n/2)O_2 \longrightarrow nCO + (m/2)H_2 + Q \tag{5-1}$$

气化炉中发生的主要反应可分为：

（1）非均相水煤气反应 $\quad C + 2H_2O \longrightarrow 2H_2 + CO_2 - Q \tag{5-2}$

（2）变换反应 $\quad CO + H_2O \longrightarrow CO_2 + H_2 + Q \tag{5-3}$

（3）甲烷化反应 $\quad CO + 3H_2 \longrightarrow H_2O + CH_4 + Q \tag{5-4}$

（4）加氢反应 $\quad C + 2H_2 \longrightarrow CH_4 + Q \tag{5-5}$

（5）部分氧化反应 $\quad C + 1/2O_2 \longrightarrow CO + Q \tag{5-6}$

（6）氧化反应 $\quad C + O_2 \longrightarrow CO_2 + Q \tag{5-7}$

（7）CO_2 还原反应 $\quad C + CO_2 \longrightarrow 2CO - Q \tag{5-8}$

（8）热裂解反应 $\quad C_nH_m \longrightarrow (m/4)CH_4 + [(4n-m)/4]C - Q \tag{5-9}$

气化炉内的反应相当复杂，既有气相反应，又有气固双相反应。

甲烷化反应为放热反应。提高温度，甲烷浓度降低，反应有利于向生成 CO 和 H_2 的方向进行。增加压力，甲烷浓度相应增加。因为，甲烷化反应是体积缩小的反应。

煤气化总的反应是体积增大反应，从化学平衡来讲，提高压力对平衡不利，压力的提高增加了反应物的浓度，提高反应速率是由于甲烷化反应是体积减小的反应，甲烷浓度也相应增加，同时增加了反应物的浓度，对提高反应速率有利。

二、气化过程动力学

气化过程是一个复杂过程。它所涉及的化学反应很多，传递过程的作用也比较重要。气化反应的过程随煤种、反应时间的不同而不同。因此对于气化过程的动力学作出明确的表述较为困难，只能作简单的叙述。

气化反应是气化剂（气体）与焦渣（固体）接触而发生的。它的反应历程包括以下方面。

（1）气化剂分子自气流向焦渣外壳扩散。

（2）气化剂分子渗透过焦渣的外壳灰层而达到未反应的焦渣表面。

（3）气化剂分子渗透过焦渣的毛细孔而达到焦渣的内表面。

（4）气化剂与焦渣发生气化反应。

（5）生成的产物循上述相反方向而扩散到气流中去。

气化反应速率的影响因素很多。例如：气化炉内各个轴的气量、固体颗粒直径、外表面积、内表面积、孔径、孔的长度及毛细孔内所受的阻力大小等。因此，可认为气化剂分子在碳或焦渣表面上的反应过程是气化剂分子被吸附，吸附分子与碳反应，产品气体脱离灰层表面。

几个主要反应的动力学如下。

1. 碳与氧之间的燃烧反应

$$nC+O_2 \longrightarrow 2(n-1)CO+(2-n)CO_2 \tag{5-10}$$

从化学平衡考虑，无论是生成 CO 或 CO_2 的反应均可视为不可逆反应。因此，随温度的升高，反应速率是加快的。

氧与碳之间的反应是氧被吸附在碳的表面而进行的，因此反应速率与氧的覆盖有关。当温度很低时，由于反应速率低，此时有可能表现出反应速率与氧分压无关。当温度升高，反应速率加快，氧的覆盖度对反应速率起决定作用。如果进一步提高温度，表面反应速率足够快，决定因素就是物质传递，此时煤的本身特性对燃烧速率就不再发生影响。

燃烧反应是强放热反应，放热量与反应速率成正比，随温度的增加，放热量增加。另一方面，气化是自热平衡，吸热、放热、热量损失及气体和渣等带走的热量必须相等，反应才能顺利进行。

2. 碳与 CO_2 的反应

在气化炉内，燃烧反应的速率比气化的其他反应速率快得多，碳与 CO_2 的反应，普遍认为是由表面反应速率决定的。因此煤的反应特性和反应温度有决定性的影响。煤中灰分组成与孔隙率对表观活化能也有显著的影响。这表明毛细孔内扩散对过程有控制作用。

$C+CO_2 \longrightarrow 2CO$ 的反应是由 CO_2 的吸附、生成络合物、发生热分解、解析、生成 CO 几步组成。

压力的提高会使得 CO_2 还原反应进行得更为强烈。

3. 碳与水蒸气之间的反应

碳与水蒸气之间的反应在此处为水蒸气在碳表面的分解反应和一氧化碳变换反应。

水蒸气在碳表面的分解反应：比较普遍的机理解释为水蒸气被高温碳层吸附，并使水分子变形，碳和水分子之间的氧形成中间络合物，氢离解析出来，然后碳和氧的络合物依据温度的不同，形成不同比例的 CO_2 和 CO，也由于此比例的不同，而有不同的反应热效应。

4. 生成甲烷的反应

在气化炉内，甲烷的生成是两个独立过程的总结果：一是煤的热解过程，二是煤的气化过程。由碳生成甲烷的过程都是二次反应的结果，即依靠反应：

$$C+2H_2 \longrightarrow CH_4 \tag{5-11}$$

$$CO+3H_2 \longrightarrow CH_4+H_2O \tag{5-12}$$

$$CO_2+4H_2 \longrightarrow CH_4+2H_2O \tag{5-13}$$

这些都是体积减小的放热反应，提高压力，无论从平衡或反应速率都是有助于甲烷的生成。

碳生成甲烷的过程，实际上分为两个阶段。首先是煤热解产物中的新生碳与氢的快速甲烷化阶段，此阶段的时间是很短暂的，速率很快，要比气化速率快得多。在快速生成甲烷阶段，生成速率与氢分压成正比，而与气化过程中正常情况下存在的其他气体无关。热解时生成的碳所遭受的温度对反应活性有重大影响，温度越高活性降低越多，高于815℃就没有快速生成甲烷阶段。

生成甲烷的第二阶段是与水蒸气和碳之间所进行的气化反应同时进行的，可以认为这是高活性碳消失之后所进行的反应，其反应速率要低得多。一般认为此阶段的反应速率与氢分压有关，视氢分压大小而定。

分任务 2　探讨粉煤气化的影响因素

一、粉煤气化运行的影响因素

粉煤气化的影响因素主要有：煤质、气化温度、气化压力、氧煤比、气化剂配比、蒸汽煤比等。

1. 煤质

煤质的各种指标中，发热量、燃点、水分、灰熔点等指标与气化过程的温度密切相关，从而影响氧耗、煤耗和有效气体含量。

反应活性是代表反应速率的重要标志，活性低，气化强度及热效率就低。

2. 气化温度和压力

由气化反应可知，CO_2 的还原反应、C 与水蒸气的反应都是可逆吸热反应，而且都是体积增大的反应。

从化学平衡的角度来看，提高温度和反应压力，可以提高反应平衡转化率，从而提高 CO 和 H_2 的平衡浓度。

从动力学的角度分析，提高温度有利于加快反应速率，但是高压将使反应物和生成物的浓度增加。当气化炉操作温度不变时，随着压力的升高，对过程最显著的影响是残留的甲烷增加，但在气化的高温条件下，产品中的甲烷量的增加通常很小，因而可不作考虑。如果要得到和在较低压力下几乎相同含量的甲烷，将气化炉温度稍作增加即可。

气化炉的温度并不是一个独立的因素，因为燃烧与还原反应进行的程度与气化剂的配比紧密相关，通常用改变氧煤比或蒸汽煤比的方法来调节气化炉温度。

3. 氧煤比

$$2C + O_2 \longrightarrow 2CO \tag{5-14}$$

由上述粉煤不完全氧化的反应可知，氧的理论用量应该是使氧原子数与煤中碳的原子数相等，这样煤中的碳将全部转化为 CO。如果氧的用量超过理论值，则一部分碳将转化为 CO_2（完全氧化），因此，氧与碳原子数之比，最高不超过 1。但是粉煤在火焰中反应时，大量的 CO 与 H_2 是由以下两个反应产生的：

$$C + CO_2 \longrightarrow 2CO \tag{5-15}$$

$$C + H_2O(g) \longrightarrow CO + H_2 \tag{5-16}$$

而以上两个反应在低温时比燃烧反应慢得多，所需要的反应时间为燃烧反应的数百倍，因此按照理论用量，必须有一部分粉煤进行完全燃烧而生成 CO_2 和 H_2。气化剂中加入水蒸气

（或 CO_2）可以提高上述两个气化反应的速率，并且上述两个气化反应的结果也产生了 CO 和 H_2。也就是说，水蒸气（或 CO_2）中的氧原子代替了一部分氧气，从而使氧耗降低，即氧气的用量可以小于理论用量。

4. 气化剂配比

在气化过程中，O_2 是主要的气化剂，氧煤比对气化性能的影响是主要的，$H_2O(g)$ 的作用主要是增加合成气中 H_2 的含量。

对于不同的气化剂配比（O_2/H_2O），燃烧反应进行的程度不同，进氧量增加，放热量随之增加，使气化炉内的反应温度升高，在气化剂中加入适量的蒸汽，能增加煤气中 H_2 的含量，降低氧耗，并使炉温不至于过高。但是加入蒸汽后，降低了气化炉温度，不利于 CO_2 的还原和水蒸气的分解反应。这两个影响是相互矛盾的，但在一定的条件下必有一个起主导作用。

5. 蒸汽煤比

蒸汽煤比对碳的转化率影响较小，但是会影响煤气中的 CO 和 H_2 含量。随着蒸汽煤比的提高，气化炉温度降低，使加入蒸汽的有利影响逐渐减弱。相反，对反应温度的影响却起到了主导作用。所以提高蒸汽煤比的结果只能是反应速率下降。

二、气化生产过程的强化措施

工业上为了满足大规模生产煤气的需要，可采取两种办法：

（1）增加煤气发生炉的集合尺寸或数量。

（2）提高气化炉的气化强度。

后一种方法是最可取的，它可以减少金属的消耗量和投资费用。

不论是哪一种控制条件，减少固体颗粒，即采用小颗粒煤炭，均可以提高反应速率和较快达到高的转化率。

采用加压气化方法，较高的压力有利于提高反应物浓度，反应速率总是随反应物浓度的增加而增加。加压气化时气体体积减小，煤气通过床层的速度减小，这就延长了各反应的反应时间，使反应接近平衡。

温度是强化生产的重要因素，一般情况下，提高温度均能急剧地增加表观速率，从而在单位生产时间内，提高反应物的转化量。

分任务 3　识读粉煤（Shell）气化工艺流程

知识窗：**SCGP 的含义**

S：shell [ʃel]（贝、坚果等的）壳

G：coal [kəʊl] 煤

C：gasification [ˌɡæsɪfɪˈkeɪʃən] 气化

P：process [prəˈʊses] 工艺，过程

shell coal gasification process（SCGP）

壳牌煤气化工艺

荷兰壳牌（Shell）粉煤加压气化技术 SCGP 工艺是一种比较先进的干粉煤气化工艺，该工艺于 1972 年开始进行基础研究，1978 年投煤量 150t/d 中试装置在德国汉堡建成并投入运行，1987 年投煤量 250t/d 工业示范装置在美国休斯顿投产。在取得大量实验数据的基础上，日处理煤量为 2000t 的单系列大型煤气化装置于 1993 年在荷兰 Demkolec 电厂建成。

自从 2001 年 6 月湖北双环科技股份有限公司与壳牌签订第一套壳牌气化技术转让合同以来，截至 2009 年 9 月共有 19 个客户，23 台气化炉在中国运转或者在建，13 台投入生产，国内烧嘴最长寿命超过 11000h，有的达到了 8000h 的设计时间。

近几年壳牌在完善优化废锅流程（见图 5-13）气化技术的同时，还针对中国化工市场的特点，开发了上行全水激冷工艺（见图 5-14）和下行全水激冷工艺（见图 5-15）。

下面主要介绍 Shell 废热锅炉工艺流程、关键设备及生产操作等内容。

图 5-13 废锅流程　　　　图 5-14 上行全水激冷工艺　　　　图 5-15 下行全水激冷工艺

一、Shell 煤气化工艺流程

如图 5-16 所示，Shell 煤气化工艺流程可分为 8 个工段。

（1）磨煤与干燥系统。

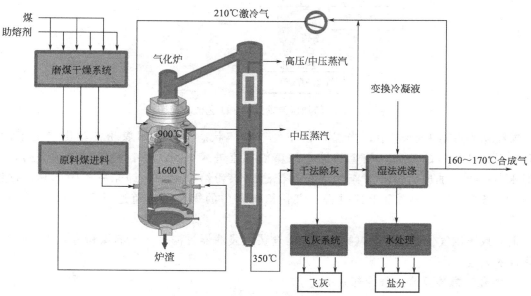

图 5-16 Shell 煤气化工艺流程简图

（2）粉煤加压及输送系统。

（3）气化、急冷及合成气冷却系统。

（4）渣水处理系统。

（5）干法除灰系统。

（6）湿法除灰系统。

（7）初步水处理系统。

（8）公用工程部分。

1. 磨煤与干燥系统

该系统工艺流程在任务一已述及，不再赘述。

2. 煤粉加压及输送系统

煤粉加压及输送系统工艺流程见图5-17。

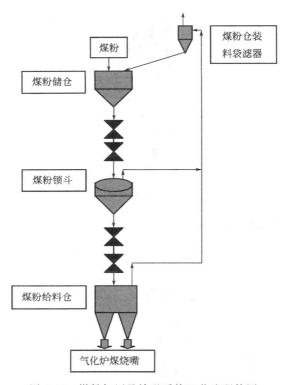

图 5-17　煤粉加压及输送系统工艺流程简图

煤粉储存在煤粉储仓中，当煤粉锁斗处于常压状态时，关闭煤粉锁斗出口的下阀，打开煤粉锁斗进口的上阀，使煤粉储仓的煤粉自流进入煤粉锁斗，料满后关闭上阀，通入高压 N_2/CO_2 加压后打开下阀使煤粉自流进入煤粉给料仓中，卸完后关闭下阀，排出 N_2/CO_2 降至常压，再循环上述过程。煤粉给料仓中的煤粉由管道通过高压 CO_2 送往气化炉喷嘴。

锁斗减压或气化炉喷嘴调试排气经煤粉仓装料袋滤器过滤，收集的煤粉进入煤粉储仓，气体排入大气。

3. 气化、急冷及合成气冷却系统

气化、急冷及合成气冷却系统工艺流程见图5-18。

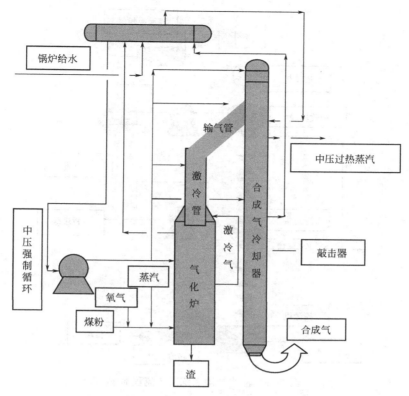

图 5-18　气化、急冷及合成气冷却系统工艺流程简图

来自粉煤给料罐的粉煤，用高压二氧化碳送至煤气化烧嘴。同时，来自空分的加压氧气经预热后也进入气化烧嘴。

气化炉为立式压力容器，炉内为水冷壁组成的气化室，煤气化烧嘴位于气化室中下部，烧嘴两个一组对称布置。由煤气化烧嘴喷入的煤粉、氧及蒸汽的混合物在 1500℃ 高温下，瞬间完成煤的气化反应，生成（CO＋H₂）含量很高且夹带飞灰的粗煤气，由下向上从气化炉顶排出。为防止飞灰黏结在后续设备，在炉出口处喷入循环返回的低温煤气，将其急冷至 900℃，使飞灰成为固态，再进入合成气冷却器回收热量，煤气温度降至 350℃ 左右进入后序设备。

高温粗煤气的大量显热，在气化炉的水冷壁和合成气冷却器内得到回收，根据蒸汽平衡，可产生中压饱和蒸汽或过热蒸汽。为保证上述设备的运行安全，气化炉水冷壁及合成气冷却器均采用循环泵强制循环操作。

4. 渣水处理系统

渣水处理系统工艺流程见图 5-19。

在气化炉燃烧段产生的高温熔渣，向下流入气化炉底部渣池，激冷后的炉渣经破渣机破碎后流入渣收集器，定期排放至排渣罐，再排至渣脱水槽，用捞渣机将排出的炉渣经由皮带转运至渣场。

渣收集器内的灰水经渣池循环水泵升压，再经水力旋流器除渣、渣池水冷却器冷却后返回气化炉底部渣池。用于高温熔渣的激冷排渣罐内的灰水经排水增压泵升压后返回到渣收集器。渣脱水槽的灰水经细渣浆增压泵送至初步水处理工序。

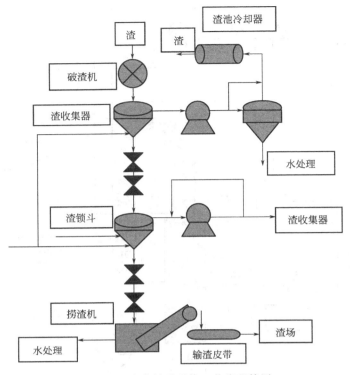

图 5-19 渣水处理系统工艺流程简图

5. 干法除灰系统

干法除灰系统工艺流程见图 5-20。

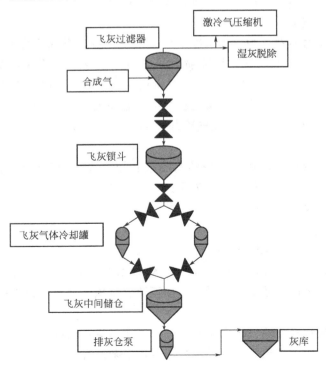

图 5-20 干法除灰系统工艺流程简图

离开合成气冷却器的粗煤气夹带一定量飞灰，通常飞灰约占气化用煤的灰含量的20%～30%，对粗煤气的净化，壳牌煤气化工艺采用干法除尘串湿法洗涤工艺，使出口煤气中含灰量小于 1mg/m³（标准状况）。

干法除尘采用高温陶瓷过滤器，经过滤后，煤气中含灰量通常小于 5mg/m³（标准状况），位于过滤管外灰尘采用高压合成气反吹后回收，经过冷却、汽提后送至飞灰储罐。由于飞灰的粒度很细，含碳量小于 5%，不含水分，可作为水泥行业配料。

从干法除尘器出来的部分煤气进循环气压缩机，加压后送煤气化炉作为冷激煤气。另外一部分煤气送湿洗工序进一步净化。

6. 湿法除灰系统

湿法除灰系统工艺流程见图 5-21。

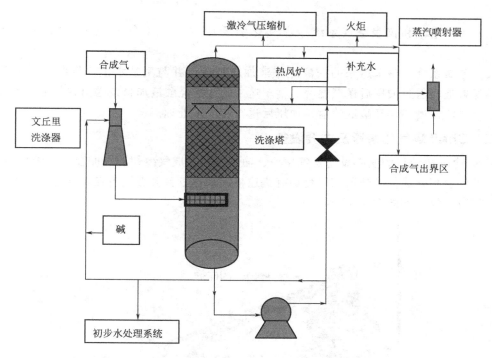

图 5-21 湿法除灰系统工艺流程简图

来自飞灰过滤器的粗合成气与来自洗涤塔底部的洗涤水经文丘里洗涤器混合洗涤后送入洗涤塔底部，在此气水混合物初步分离，气体上升与塔顶喷淋下来的洗涤水逆流接触，除去合成气中的 HCl、HF 和微量的固体颗粒。洗涤后的粗合成气分成两股：一股送往变换工序；另一股作为激冷气送循环气压缩机压缩后循环到气化炉出口。

从洗涤塔排出的黑水分成三股物流：第一股洗涤塔循环水送至洗涤塔顶部；第二股循环水进入文丘里洗涤器；第三股作为排污水送初步水处理工序。

为提高粗合成气中酸性成分的脱除效率，在文丘里洗涤器前加入少量碱液，控制循环回路的 pH 值在 7.5～8.0。

7. 初步水处理系统

该系统与多喷嘴对置式水煤浆气化的灰水处理部分在工艺及流程上基本相同，此处不再详细讨论。

8. 公用工程部分

（1）氮气系统（包含合成气反吹系统和二氧化碳输送系统）　煤气化装置使用的惰性气体主要为氮气和 CO_2 气体，开车时，全部使用氮气，正常生产时，使用氮气与 CO_2 气体。用于煤气化装置的惰性气体分为三个等级，超高压 8.1MPa，高压 5.2MPa，低压 0.45MPa。

（2）循环水系统　中压循环水泵的事故补充冷却水由事故冷却水泵补充。

（3）工艺水系统　储存在工艺水缓冲槽的工艺水，由低压工艺水泵送出低压工艺水，由高压工艺水泵送出高压工艺水，由事故密封水泵送出事故密封水。储存在循环水缓冲槽的循环水由循环水泵送出。

（4）蒸汽冷凝液系统　从各加热器来的冷凝液汇总后至冷凝液闪蒸槽，冷凝液经冷凝液冷却器用水冷却后外送。从中压蒸汽汽包排出的排污水经排污闪蒸槽闪蒸后，排出水再用排污泵外送。

（5）工厂空气和仪表空气系统　煤气化装置用的工厂空气和仪表空气由空分装置提供。

（6）酸碱系统　槽车运来的碱液经碱液加料泵送出并与工艺水按比例混合后至碱液储槽，再经碱液喷射泵加压后送至湿洗。槽车运来的盐酸经酸液加料泵送出并与工艺水按比例混合后至酸液储槽，再经酸液喷射泵加压后送至初步水处理。

二、Shell 煤气化装置及主要设备

Shell 煤气化装置的核心设备是气化炉、输气管和合成气冷却器（即废热锅炉）、陶瓷过滤器。输气管把合成气冷却器和气化炉有机连接起来，三台关键设备在煤气化框架上呈"门字形"连成一体，如图 5-22 所示。

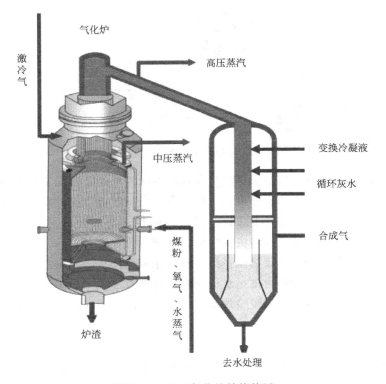

图 5-22　Shell 气化炉结构简图

1. 气化炉

气化炉本体是一台膜式圆筒形水冷壁反应器，膜壁为翅片管构造（翅片管材质为13CrMo44），安装在一个压力容器内部。该圆筒形结构的上部有一个锥体通往激冷区，其下部也连着一个锥体作为燃烧室的底部。锥体内有中心开孔，供熔渣下落时通过。

煤气化烧嘴位于气化室中下部，烧嘴两个一组对称布置，分别插入到气化炉配备的突出烧嘴罩中。烧嘴罩（见图 5-23）呈喇叭形，为烧嘴喷出的煤粉提供流通通道，防止熔融灰渣沿水冷壁流到烧嘴上。

图 5-23　烧嘴罩

水平对称具有径向小角度安置的烧嘴将燃烧的煤粉气流喷出时，就在气化炉内形成了一股旋转上升的气流，从而引起了在剧烈氧化反应中形成的液体煤渣离心运动的涡流运动，如图 5-24 所示。

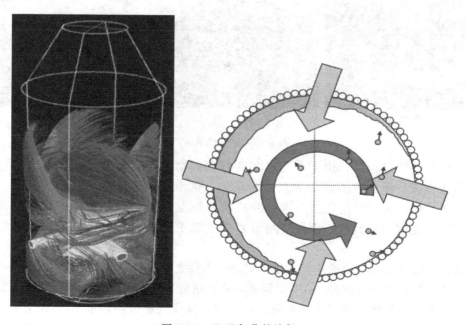

图 5-24　Shell 气化炉流场

膜式水冷壁反应器内表面安装有一层用高耐热钢衬钉衬起的导热陶瓷耐火衬里。衬钉材质为 25Cr20Ni，衬里的主要成分是 SiC。衬钉密度较大，达到 2500 柱/m²，销钉式水冷壁如图 5-25 所示。

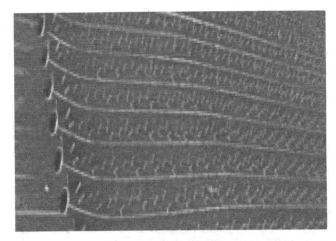

图 5-25　销钉式水冷壁

在气化炉运行期间，在陶瓷耐火衬里材料表面形成一定厚度的灰渣层。炉壁挂渣的情况如图 5-26 所示。

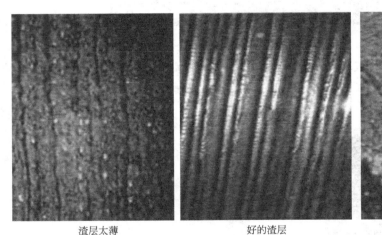
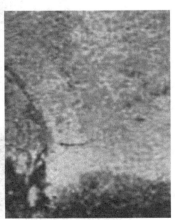

渣层太薄　　　　　　　好的渣层　　　　　　　渣层太厚

图 5-26　炉壁挂渣情况

在气化炉操作过程中，由于陶瓷材料良好的耐温性及冷却膜壁，会形成一定厚度的渣层，称为挂渣，覆盖内腔表面并且变得坚硬。这个薄的渣层能够保护气化炉，防止炉壁受到煤气化时形成的熔渣侵蚀。这种膜式水冷壁上保持一种强制的冷却水循环，吸收的热量则用来生成中压蒸汽。而熔渣则沿着炉壁朝下运动，通过底部的排渣口掉落到渣池中。

排渣口的底部又有一个锥体。在锥体与渣池内件之间设有热裙，这样可以保护压力容器免受高温的损坏。热裙有特种"Ω"管组成的筒体结构，以防高温及渣水和冷凝液腐蚀。

合成气的冷却换热在多层环管束的管内进行，合成气走管间，水/蒸汽走管内。多层环管束共设置了三组，即中压蒸汽过热器、中压蒸汽发生器Ⅱ、中压蒸汽发生器Ⅰ，三组管束均可整体从合成气冷却器的壳体内拆装。

气化炉承压外壳在制造厂的制造按其内件的交货状态及组装要求分四段进行，即气化炉本体组件、输气管组件、气体反向室组件及合成气冷却器组件。

2. 急冷段

急冷段主要由急冷段外壳体、急冷区和急冷管组成。

急冷段外壳由 Cr-Mo 耐热钢制造，内衬耐火材料，其作用与气化段壳体相同。

急冷区由两个功能区组成。

（1）湿洗单元经过冷却过滤后的合成气（约 200℃）被送入反应段顶部流出的高温合成气中（约 1500℃），比例大约为 1：1，混合后的合成气温度骤降到 900℃左右。急冷器结构如图 5-27 所示。

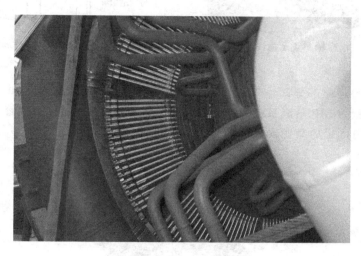

图 5-27　急冷器

（2）急冷底部清洁区。将高压氮气送入该区，由 192 根喷管进行喷吹，以便减少或清除气化段出口区域积聚的灰渣。急冷区部件全部由 INCOLOY 合金制造，以承受高温与腐蚀。

 **知识拓展**

水冷壁

水冷壁是敷设在炉膛内壁、由许多并联管子组成的蒸发受热面。水冷壁的作用是吸收炉膛中高温火焰或烟气的辐射热量，在管内产生蒸汽或热水，并降低炉墙温度，保护炉墙。水冷壁对炉墙起到的保护作用如图 5-28 所示。

销钉式水冷壁是膜式水冷壁（见图 5-29）的一种，又称刺管式水冷壁，它是按照要求在光管表面焊上一定长度的圆钢，利用销钉可以牢固地在水冷壁上敷设耐火涂料，用以构成卫燃带、液态排渣炉渣池及熔渣段。

为了在炉膛高热负荷区防止传热恶化，常采用内螺纹管或在管内装设扰流子。内螺纹管水冷壁是在管子内壁开出单头或多头螺旋形槽道的管子，介质在管内流动时，发生强烈扰动，使气水混合物中的水压向管壁，并迫使气泡脱离壁面被水带走，从而破坏气膜的形成，防止出现沸腾换热恶化，使水冷壁管壁温度下降。

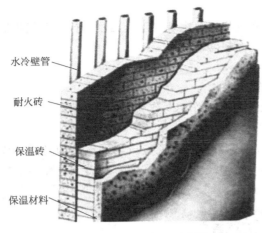

图 5-28 水冷壁布置示意图

水冷壁管
耐火砖
保温砖
保温材料

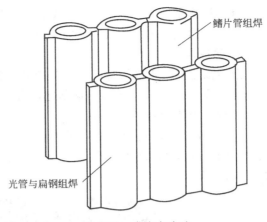

图 5-29 膜式水冷壁

鳍片管组焊

光管与扁钢组焊

3. 输气管

激冷管下游的延伸部分即输气管（见图 5-30），是由一段冷却弯管和一段冷却直管组成。输气管水冷壁为 MP 蒸汽系统的一部分，并用铁素体材料的超"Ω"管制成。输气管底部也有用耐热衬钉固定的陶瓷耐火衬里。

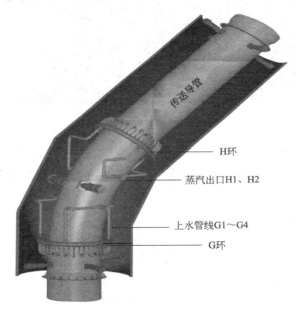

传送导管

H环
蒸汽出口H1、H2

上水管线G1～G4
G环

图 5-30 输气管

激冷管、输气管都是独立的部件，有不同的进气和排气管道，作为中压水/蒸汽系统气体两个部分之间的连接，一方面要求对流不能进入壳体内，另一方面，又要求保证热膨胀，它们之间的连接由带膨胀节密封的连接装置来完成。

4. 反向室

反向室（见图 5-31）由作为输气管道延伸部分的入口支管和反向室主管（见图 5-32）组成，进来的合成气在此被转向到合成气冷却器的受热面上。反向室顶罩被设计成带冷却的蛇形管结构，该冷却系统由循环系统的进料管和出料管分别供给，这个顶罩在进行必要的检

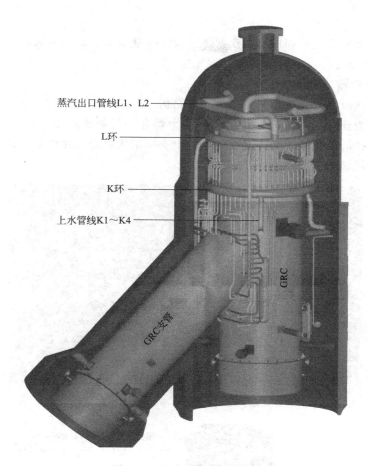

图 5-31 反向室结构示意图

图 5-32 反向室主管

修时可以拿开。

入口支管、反向室主管和顶罩由铁素体钢管水冷壁制成，结构为翅片列管式，组成中压水/蒸汽回路的部分。

5. 合成气冷却器（废热锅炉）

合成气冷却器所有的受热面基本上为同一结构。

受热面管束为翅片列管结构，并把它们挨个焊在一起形成膜壁，膜壁内的水管为盘管式，形成不同直径的圆柱体，并嵌套在一起，由支撑结构固定，允许每个圆柱体向下自由膨胀。合成气冷却器结构如图 5-33 和图 5-34 所示。

图 5-33　合成气冷却器内件

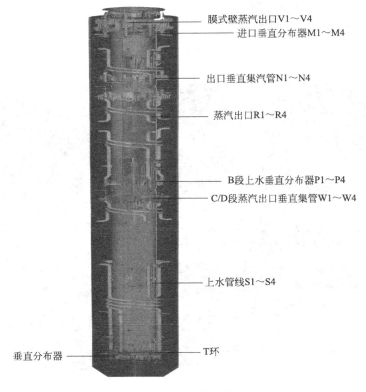

图 5-34　合成气冷却器结构示意图

受热面管束由外部圆柱体所环绕，即所谓的水冷壁受热面，这个圆筒体的直径与反向室主管的相同，水冷壁受热面一直延伸到合成气冷却器的整个长度，与反向室以搭接接头进行连接。

从顶部往下看，受热面管束包括如下部分：中压过热器；中压蒸发器Ⅱ；中压蒸发器Ⅰ，并分为两件管束。

中压过热管束为整体翅片管式，由高合金钢制成，两台中压蒸发器管束和环绕壁受热面由铁素体钢制成，为翅片管式结构。

所有的管束有各自的水/蒸汽回路及各自的连接管线。

6. 清洁装置

气动操作的敲击器（见图5-35）在要清洁的受热面上进行脉动敲击，带黏性的沉淀物的受热面筒体被声波加速到一定程度后，在受热面和沉淀物质的不同惯性作用下，沉淀物被抖落下来。

图5-35　敲击器

敲击作用需要的能量是由安装在压力容器外部的气动敲击圆筒体提供。用氮气做动力。通过压力密封和动力传送系统，送到受热面。为防止因脉动传输对受热面可能引起的损坏，把一带冷却装置的砧形板焊在受热面上。敲击装置共有58个，分别由7个仪表控制台控制。

7. 压力容器

气化炉、输气管、反向室和合成气冷却器等压力容器壳体，采用低合金钢SA387Gr11CL2制造，可能会因为低于露点温度而引起低温腐蚀的地方，如所有人孔、接管和其他非受热连接处，均应有金属堆焊层。可以大大降低露点腐蚀的金属堆焊层也用于受渣池影响的气化炉压力容器温度较低的区域。

系统初步设定有15个人孔，266个管口。约85%的管口需要堆焊高镍合金，以避免高温对铁素体的腐蚀。

压力容器外壳的内壁上还有一层耐火衬里，主要是用于保护容器在出现不可预见的热对流时，免受局部温度提高的影响。厚度为40mm，用六角形格栅结构，也就是俗称的"龟甲网"将其固定，其组成为：Al_2O_3 39%，SiO_2 49%，Fe_2O_3 2%，最大使用温度1300℃，热导率0.56W/(m·K)（600℃）。这层耐火衬里的主要作用是隔热。这一层耐火衬里在内件安装前由外壳制造厂完成安装。气化炉壳体结构见图5-36，组装好的气化炉内件结构见图5-37。

图5-36　气化炉壳体

图5-37　气化炉内件

　　气化炉内件膜式壁与外壳之间形成一个"环形空间"，膜式壁分4段，由3个膨胀节相连为一体，保持内件热态的自由膨胀，在热裙上部与中压蒸汽过热器上部，设计安装有2个密封隔板，以保证热的合成气不能窜入"环形空间"内，造成壳体超温。

　　为保证"环形空间"与合成气空间之间的压力平衡，在急冷段底部板上开有120个ϕ53mm的圆孔。

　　循环水管线、氮气管线、蒸汽管线等分布管线全部布置在"环形空间"内。

三、Shell煤气化装置主要特点

　　壳牌粉煤气化的主要工艺特点见表5-2。

表 5-2　壳牌粉煤气化主要工艺特点

气化技术名称	壳牌煤气化技术
气化炉组合方式	对小型化工项目,单炉可以满足 8000h 的设计时间。对于大型项目,多台气化炉通过优化,以及负荷调整实现满负荷运行
进料方式	下部进料(相对顶部进料),干煤粉与氧气和蒸汽的混合物通过四个对置烧嘴进入气化炉反应段,反应物出烧嘴后实现更充分混合。根据不同产品要求,载气可采用氮气或二氧化碳
喷嘴类型和特点	壳牌煤气化烧嘴由两个同心圆通道组成:内通道输送粉煤,外通道输送氧化剂(氧气,或者氧气/蒸汽混合物)。烧嘴设计寿命为 8000h,最长累计使用寿命可达 20000h
流动方式	壳牌独有的对置多烧嘴布置,保证合理的反应流场,使煤氧混合更均匀,相对停留时间更长,碳转化率更高
耐火衬里	竖管水冷壁,使用寿命保证 25 年
合成气冷却方式	采用循环合成气激冷,之后通过合成气冷却器回收热量
气化介质	氧气,极少量蒸汽(取决于煤质)
技术运行的阶段	20 多年的国内外大规模工业应用
运行周期	连续百日运行常态化,全年累计 300 天常态化。目前,单次最长连续运行 280 多天,年累计运行最长 341 天
煤的粒度范围	一般要求 5~90μm 分布在 90% 以内,褐煤粒度有所放宽
煤的工业分析	广泛的煤种适应性,已成功处理国内 100 余种原料,涵盖从无烟煤到褐煤,以及石油焦。壳牌拥有丰富的理论和实际经验,无需对煤种试烧即可为用户提供方案
操作条件	操作压力:2.0~4.3MPa 操作温度:1400~1700℃ 根据灰分的黏温特性考虑,至少需要 100℃ 以上的操作窗口
粗煤气的组成(典型,干基)	典型组分:CO 约 68%,H$_2$ 约 22%,CO$_2$ 约 9%,CH$_4$<100×10^{-6}(组分会随不同煤质而变化)

工艺指标 (典型值)	氧耗	315~390m^3/km^3(CO+H$_2$)(标准状况)
	蒸汽消耗	一般不消耗(如含碳量高,反应活性差,加入少量蒸汽);采用低水气比变换技术,可副产大量高压或中压过热/饱和蒸汽
	煤耗	610~650kg/km^3(标准状况下,CO+H$_2$)(收到基,随煤组成而变化)
	碳转化率	一般大于 99%

适合工业领域	化工生产用合成气(甲醇,合成氨,煤基油品/烯烃,制氢等),IGCC

任务3
Shell气化炉的操作

想想看

　　Shell 粉煤加压气化炉在开车前需要做哪些准备工作?开、停车的操作过程是怎样的?有什么需要注意的问题呢?

一、开车前的准备工作

(1) 所有公用工程设施（包括电源、氮气、蒸汽、冷却水和各种工艺水）全部按要求（包括用量、压力和温度）准备就绪。

(2) 废水处理装置已准备就绪。

(3) 接收合成和汽提塔废气的下游装置和火炬系统，已全部准备就绪。

(4) 检查确认盲板状态。

(5) 启动气化炉的循环水系统。

(6) 用氮气把气化炉蒸汽/水系统加压到正常操作压力，检查内部人孔水/蒸汽供应管线和回流管线上的法兰是否泄漏。

(7) 用工艺水加注湿洗系统。

(8) 用工艺水（或公用工程水）加注渣系统。

(9) 检查所有停车时已经打开的法兰是否泄漏。

(10) 把泄漏试验时未装的伴热管和保温层全部重新装好（特别是那些关键的伴热系统）。

(11) 用工艺水（或公用工程水）装满酸浆汽提系统。

(12) 启动渣系统、湿洗系统和酸浆汽提系统的循环回路和放泄线路。

二、气化炉开车

SCGP 的工艺控制系统经过周密设计，其开工和停车完全通过工艺逻辑顺序和安全保护系统来调整及控制，因此，整个系统一旦开车，经过初期操作以后，在正常操作时，操作人员通常只需要做少许必要的调整。

(1) 把煤燃烧器 1 从 "recycle"（循环）切换到 "burner"（燃烧炉）。此后，自控系统就会按要求，有条不紊地自动执行下列各项操作：

① 关闭蒸汽系统中的双联断流泄放阀。

② 确保氧气控制阀处于关闭状态。

③ 打开 O_2 主隔断阀上的旁路。

④ 打开旁路阀低压差 O_2 主隔断阀。

⑤ 关闭 O_2 主隔断阀上的旁路。

⑥ 把氧气控制阀调到"预编程序的位置"。

⑦ 打开通向燃烧器的煤进料管线上的截止阀。

⑧ 把粉煤进料管线中的三通阀切换到燃烧器。

⑨ 把粉煤进料管线中的压力控制阀切换到"手动，当前位置"。

⑩ 把 O_2 管线中的截止阀向燃烧器打开。

⑪ 把 O_2 控制阀切换到自动控制位置。

⑫ 把 O_2/C 比控制器从"开车"调到"O_2/C 比控制"。

⑬ 关闭氧气进料管线上的 N_2 吹扫阀和煤进料管线上的 N_2 吹扫阀。

⑭ 关闭煤循环管线上的截止阀。

⑮ 打开煤循环管线上的吹扫阀。

⑯ 切断 N_2 到煤循环管线的压力控制阀。

⑰ 关闭循环管线的吹扫阀。

(2) 把煤燃烧器 2 从"循环"切换到"燃烧器"。这时，自控系统将执行的任务，除已经在上面燃烧器 1 中所说的外，还有：

①　通过熄火程序关闭工作的燃烧器。

②　打开隔离阀。

③　把操作压力切换到下一步所要求的压力设定点，启动气化炉斜坡压力，使上升到所要求的操作压力。

④　调节 O_2/C 比（预编程序的设定值，"控制屏幕"上不显示）。

⑤　把煤燃烧器 3 从"循环"切换到"燃烧器"。

这时，自控系统将执行的任务与燃烧器 2 基本相同，如果还没有切换到"CO_2 设定点控制"，要调节"O_2/C 比"。

⑥　把煤燃烧器 4 从"循环"切换到"燃烧器"，执行的操作同燃烧器 3。

⑦　启动 1 级渣洗。

⑧　启动洗灰程序，灰汽提/冷却程序。

⑨　启动 1 级洗灰（在洗涤罐中，手工输入模拟"高灰级"）。

⑩　启动通入燃烧器的蒸汽管线的蒸汽预热。

⑪　逐一地检查效果并按要求调节"所要求的 CO_2 值"。

⑫　切换到"预编程的 CO_2 控制"，按要求调整曲线。

⑬　把"火炬管线压力控制"切换到"合成气管线压力控制"。

⑭　如果操作压力已达到，则切换到正常操作。操作时由"开车"设为"正常"，这样就能消除开车负荷控制，使气化炉自动向下调到大约 40% 负荷（而不是开车时用的 50% 负荷），同时把系统压力限制到"最小容许"操作压力。

⑮　启动气化炉斜坡负荷，使之上升到要求的负荷。

⑯　根据需要检查和调节所有各段的全部操作条件。

三、气化炉短期停车

如气化整个装置运行正常，后系统需要停车，在 6h 内可以恢复。

（1）停磨煤及干燥系统以减少在停车过程中装置内粉煤储存量。

（2）通过停止按钮停煤给料程序。

（3）用负荷控制器将生产能力减至最小量（40%～50%，根据下游物料系统情况）。

（4）煤烧嘴和氧气供应系统停车。

（5）开始"减压和吹扫程序"，约 4～8h。

（6）关闭湿洗下游的分析仪（由"降压/吹扫"程序自动启动）。

（7）检查合成气冷却器反吹系统、激冷吹灰器和敲击装置已正确关闭。

（8）一旦合成气压力降至压缩机最小入口工作压力以下时，激冷气压缩机停车。

（9）一旦蒸汽汽包内的蒸汽压力降至低于公共系统蒸汽总管压力以下且开关系统处于"热备用状态"（开车）位置，使用公共系统蒸汽总管的外来蒸汽。

（10）由程序超驰操作启动排渣。

（11）由程序超驰操作启动排灰，加快排灰步骤。

（12）在第一个降压程序完成后，只要 pH 值开始增大就关闭碱注入，停止对湿洗系统碱的注入。

（13）检查系统的 pH 值控制，只要 pH 值开始减小就关闭酸注入，停止酸的注入。

（14）只要合成气系统进行第一次减压后，就停止高压高温过滤器反吹系统。

（15）第一个加压程序完成后一有机会就启动最终排渣过程。

（16）第一个加压程序完成后一有机会就启动最终排放灰的过程。

（17）清洗气化炉观火孔。

（18）所有进一步的动作取决于是否需要检修。

四、气化炉运行过程中常见故障

某采用 Shell 粉煤加压气化技术的用户，总结了气化炉运行过程中的常见故障，如图 5-38 所示。

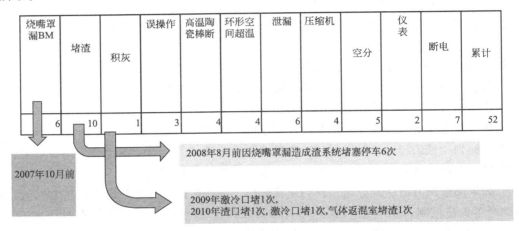

烧嘴罩漏BM	堵渣	积灰	误操作	高温陶瓷棒断	环形空间超温	泄漏	压缩机	空分	仪表	断电	累计
6	10	1	3	4	4	6	4	5	2	7	52

2007年10月前

2008年8月前因烧嘴罩漏造成渣系统堵塞停车6次

2009年激冷口堵1次，
2010年渣口堵1次，激冷口堵1次，气体返混室堵渣1次

图 5-38 某化工企业 Shell 气化炉历年停车原因统计

1. 输气管堵塞

输气管堵塞主要是因煤的质量问题引起，煤的质量不稳造成工况波动大，特别是灰分含量太高且灰熔点也高的煤易造成烧嘴罩损坏，高灰熔点的煤与低灰熔点的煤相配时，工况不易掌握，易造成堵渣，如图 5-39 所示。

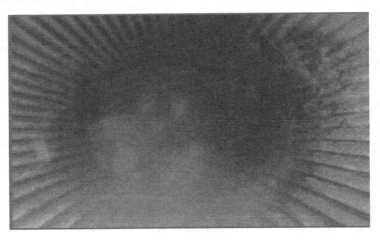

图 5-39 输气管堵塞

解决方案：选择合适的煤种，灰分含量在 8%～20% 为最佳，高灰熔点的原料需要加合适的助熔剂（石灰石）。

2. 水冷壁、烧嘴罩漏的问题

烧嘴罩损坏漏水会导致工况进一步恶化，现在煤气化虽一般情况下反应稳定，烧嘴罩烧坏概率较小，但是还是会发生，如图5-40、图5-41所示。

图 5-40　气化炉水冷壁烧穿图

图 5-41　经补焊过的返回室水冷壁

解决方案：控制空气与煤粉的比例，使其能够有合适的燃烧比，利用率变为最大。

3. 激冷口损坏

激冷口处缝隙大，环隙温度经常波动并伴有超温现象，易造成激冷环锻件烧坏，如图5-42所示。

图 5-42　激冷环锻件烧坏

解决方案：加强循环气压缩机前管道的伴热，保证入口气体温度高于露点30℃，保持环隙温度稳定。

4. 激冷压缩机及进出口管线腐蚀

腐蚀现象会严重影响系统稳定运行。煤气化运行以来已有4台激冷压缩机因腐蚀严重报废。系统每运行60天以上激冷压缩机和它周围的管道总会出现漏点，一般都是打卡处理，倒车或停车后补焊，对系统的稳定运行、周围环境造成一定隐患。

5. 煤锁斗、渣锁斗阀门问题

这种问题虽然不会引起停车，但在操作中有时会出现，当问题出现后就进行单阀运行，存在较大的安全隐患。如两道阀同时出现故障，将造成联锁停车。

项目六
煤气化过程的安全与环保

学习目标

1. 能查找相关资料，了解煤气化的安全生产，了解生产安全对企业的影响。
2. 会描述煤气化过程对废水、废气以及废渣的处理。
3. 能与他人合作，进行有效沟通交流。
4. 能主动获取有效信息，展示工作成果，对学习与工作进行总结和反思。
5. 能运用网络、教材、参考书等渠道，查找安全生产知识。

任务1
熟知煤气化过程的安全

> **想想看**
>
> 煤气化生产系统有什么特点？煤气化生产的危险因素有哪些？煤气化生产中需要注意哪些安全事项？

知识窗：安全培训与管理重要性

近年来，因设备质量引发的事故比例在减小，因人操作失误引起的事故比例在增加。统计表明：20世纪60年代约有20%的事故归咎于人的失误；而到90年代就约有90%。人为因素包括违章操作、误操作、缺少必要的安全生产和岗位技能知识；材料的选择不符合标准；工作责任心不强。因此，企业必须加强对职工的培训与管理，提高员工安全生产技能。

一、煤气化生产系统的特点

煤气化工业是煤化工的基础、先导和关键。煤气化生产过程中要涉及 CO、H_2、甲醇、H_2S、氨等易燃易爆和有毒有害物质，生产工艺复杂，存在着许多不安全因素，一旦发生事故，会对周围的环境产生巨大的影响，造成人员伤亡、财产损失和环境污染。

1. 易燃易爆、有毒有害和强腐蚀性物质多

煤气化生产从原料到产品，包括多种半成品、中间体、溶剂、催化剂等，绝大多数属于易燃易爆、有毒有害和强腐蚀性物质，具有导致发生各类火灾、爆炸、设备损坏、窒息中毒事故的可能。

2. 生产工艺复杂

煤气化生产工艺复杂，各工厂、车间、工序之间的原料产品相互利用、相互制约，必须按比例严密配合、连续长周期作业。这种连续和长周期性在逻辑上形成串联系统，串联系统中任何子系统发生故障都会导致整个工艺的故障。

3. 物料封闭，难以直接观察

一切加工过程都被封闭在管线、泵、罐、塔中，其内部状况难以直接观察。整个生产情况都要根据传感器、变送器输送到控制仪器仪表上的各种压力、流量、温度信号来反映，在控制对象和控制者之间增加了中间环节，影响了人们对系统事故规律的认识。

4. 规模大、密度高

最后，煤化工生产呈现物耗、能耗的集中化和扩大化趋势。近年来，生产加工能力不断提高，年加工能力在数百万吨的装置连续投产，生产中的能耗、物耗在不断集中化和扩大化。一旦发生事故，其后果的严重程度大大增加。

二、煤气化生产中的易燃易爆物质和有毒有害物质

从煤气化工业的原料、辅料、中间产品及产品来看，煤气化工业企业生产中存在大量易燃易爆物质和有毒有害物质。

1. 易燃易爆物质

煤气化工业企业中存在 CO、H_2、甲醇、二甲醚、乙醇等易燃易爆物质，这些物质在生产、使用和储存过程中存在火灾、爆炸事故的风险。

2. 有毒有害物质

煤气化工业企业产品及附属产品如 CO、H_2S 属于有毒气体，其最广泛的产品氨、甲醇为有毒物质。这些有毒物质在生产、使用和储存过程中存在泄漏后扩散产生毒害事故的风险。

三、煤气化生产中的风险源

1. 气化炉

气化炉是煤气化工业的主体设备，气化炉通常是在高温高压状态下运转，其中存在大量 CO、H_2 等易燃易爆物质及 H_2S 等有毒气体。若因运行不正常，则极易发生火灾爆炸和泄漏事故。

2. 储罐

煤气化工业的产品或中间产品如甲醇、液氨等物质，常常因安全需要在储罐内储存或运输。由于压力、腐蚀等作用，极易发生泄漏进而引起火灾爆炸等事故。

3. 辅助设施

煤气化工业的辅助设施如硫回收装置、水处理系统通常存在有毒物质 H_2S 和氯气，这些物质若发生事故性泄漏，将会对周围人员产生毒害作用。

四、危险因素及影响分析

煤气化生产工艺复杂、控制点多，根据煤气化生产工艺特点，可能发生的危险及其分析见表 6-1。

表 6-1　煤气化生产工业主要危险因素及影响分析

事故发生环节	类　型	原　因
储存	泄漏	阀门破损、设备破损、违章操作、安全阀及控制系统失灵
	火灾、爆炸	泄漏、明火、静电、摩擦、碰撞、雷击
生产	泄漏	加料、放料
	火灾、爆炸	停电、停水、自动控制失控
运输	泄漏	管线破损、泵密封不佳、车辆事故等
	火灾	泄漏与空气接触、明火、静电、雷击

五、煤气化生产主要安全措施

1. 采用先进的工艺技术和安全联锁报警装置

煤气化生产工艺多采用自动控制系统（DCS），完成工艺参数显示，调节控制，报警记录和自动打印功能，监控整个工艺生产过程。同时设置可编程序逻辑控制系统 PLC，接受主要机泵、设备工艺参数的安全联锁信号，在紧急状态下，逻辑控制器 PLC 自动启动，使装置或系统相应部位安全停车。

2. 设置检测装置、安全装置

在生产装置中，关键部位设压力变送器、安全阀，从而保证设备与系统的安全运行。在生产装置的关键部位，设监控烟雾、可燃性气体及有毒有害气体的检测器，在气化界区和原料罐区设置检测器，从而提高系统运行的可靠性、稳定性和安全性。

3. 加强劳动保护

按规范设置安全梯、设备平台和人员安全疏散通道。在现场操作室设置事故柜，操作人员配发相应的防毒面具和劳动保护用具。为配合职业安全卫生防护工作，设气体防护站和环境监测站，气防站 24h 专人值班，配气防急救车。随时准备意外事故受伤人员的抢救及有关的监护工作。

4. 加强定期检查

采取保持罐区通风、定期检查防止储罐泄漏、预防火源、使储罐接地防止静电等预防措施，发生火灾爆炸的概率大大降低。

5. 加强操作工培训

定期开展操作人员培训和公众教育的内容，尤其是在致死浓度区居民搬迁后对健康损伤区内居民的应急教育。加强对应急预案的培训、演练，并不断完善改进，使环境风险降低至最小。

 能力训练

1. 煤气化生产中主要有哪几类不安全因素？举例说明。

2. 煤气化生产企业如何加强安全管理。

能力拓展

请运用网络、教材、参考书等渠道，查阅安全管理中的十大定律的内容，对你有哪些启示？

 阅读材料

应急预案的内容

事故应急预案是企业针对不同的事故类型采取的不同措施的计划，是保证事故发生后减小事故影响的必要途径。事故应急预案的编制可以确保在事故发生时有序处理事故、减少人员伤亡和财产损失。事故应急预案应包括：应急组织及职责；应急设施、设备与器材；应急通信联络；事故后果评价；应急监测；应急安全、保卫；应急医学救援；应急撤离措施；应急报告；应急演习等。

本质安全管理体系

本质安全是指工艺技术、设备、设施能够从根本上具有防止发生事故的功能，管理方面无漏洞，环境方面无隐患，人员素质无缺陷，是生产中"预防为主"的根本体现，也是安全生产的最高境界。

本质安全管理体系覆盖的范围应包括：组织的管理部门、涵盖的基层单位、涉及的业务范围、主要活动的现场区域以及组织的产品。具体还涉及企业管理、法律法规、人、工艺、设备、设施、物料、环境等诸多要素。

本质安全的要求是人员素质无缺陷。人的安全素质分为两个层次：一是人的基本安全素质，包括安全知识、安全技能、安全意识；二是人的深层安全素质，包括情感、认知、伦理、道德、良心、意志、安全观念、安全态度等。对于企业员工的安全培训要本着以人为本的原则，注重提高员工的安全素质、安全意识、安全执行力以及事故风险识别和防范能力；从引导、培养员工对安全与健康的自愿、自需、自求意识入手，教育其从"要我安全"向"我要安全"转变，由"他律"向"自律"转变，形成自我安全意识；对员工进行培训要求掌握本岗位所要求具备的安全知识和技能，处理各类突发事件的能力以及保护自己和他人的能力。

 知识拓展

海因里希法则

"海因里希法则"是美国著名安全工程师海因里希提出的300∶29∶1法则。这个法则意思是说，当一个企业有300个隐患或违章，必然要发生29起轻伤或故障，在这29起轻伤事故或故障当中，必然包含有一起重伤、死亡或重大事故。这一法则完全可以用于企业的安全管理上，即在一件重大的事故背后必有29件"轻度"的事故，还有300件潜在的隐患。可怕的是对潜在性事故毫无觉察，或是麻木不仁，结果导致无法挽回的损失。

"海因里希法则"多被用于企业的生产管理，特别是安全管理中。"海因里希法则"对企业来说是一种警示，它说明任何一起事故都是有原因的，并且是有征兆的；它同时说明安全生产是可以控制的，安全事故是可以避免的；它也给企业管理者提供了一种生产安全管理的方法，即发现并控制征兆。

任务2
煤气化过程的废水处理

从煤气化生产工艺入手，想想看煤气化废水的主要来源有哪些？废水中含有哪些污染物？能直接排放吗？

煤气化是减少燃煤污染的有效途径，但气化过程中产生的废水会对环境造成污染。

煤气化废水是煤制焦炭、煤气净化及焦化产品回收过程中产生的高浓度有机废水，属于焦化废水的一种。水质成分复杂，污染物浓度高。废水中含有大量的酚类、联苯、吡啶、吲哚和喹啉等有机污染物，还含有氰、无机氟离子和氨氮等有毒有害物质，污染物色度高，属较难生化降解的高浓度有机工业废水。

对煤气化废水的处理，单纯靠物理、物理化学、化学的方法进行处理，难以达到排放标准，需要通过由几种方法组成的处理系统，才能达到要求的程度。

一、煤气化废水处理技术

煤气化废水处理通常可分为一、二级处理和深度处理。此处的一、二级处理的划分与传统的城市污水处理在概念上有所不同，所述的一级处理主要是指有价物质的回收，二级处理主要是生化处理，深度处理普遍应用的方法是臭氧化法和活性炭吸附法。

一级处理包括沉淀、过滤、萃取、汽提等单元，以除去部分灰渣、油类等。一级处理中主要重视有价物质的回收，如用溶剂萃取、汽提、吸附和离子交换等脱酚并进行回收。不仅避免了资源的流失浪费，而且对废水处理有利。煤气化废水通常萃取脱酚和蒸汽提氨后，废水中挥发酚和挥发氨分别能去除99％和98％以上，COD也相应去除90％左右。

二级处理主要是生化法，一般经二级处理后，废水可接近排放标准，生化法主要有活性污泥法和生物过滤法等。

煤气化废水普遍应用的深度处理方法是臭氧氧化法和活性炭吸附。

二、煤气化废水处理方法

煤气化废水在进行预处理前根据不同的水质特点设置调节池以调节水质水量，设置隔油池或气浮池进行除油，经以上的预处理外可采用下面的方法进一步进行处理。

1. 活性污泥法

活性污泥法（图6-1）是采用人工曝气的手段，使得活性污泥均匀分散并悬浮于反应器中和废水充分接触，并在有溶解氧的条件下，对废水中所含的有机底物进行合成和分解的代谢活动。在活动过程中，有机物质被微生物所利用，得以降解、去除。同时，亦不断合成新的微生物去补充、维持反应器中所需的工作主体——微生物（活性污泥），与从反应器中排除的那部分剩余污泥相平衡。

活性污泥法处理的关键是保证微生物正常生长繁殖，须具备以下条件：一是要供给微生物各种必要的营养源，如碳、氮、磷等，一般应保持 BOD_5：N：P＝100：5：1（质量比），煤气化废水中往往含磷量不足，一般为 $0.6\sim1.6mg/L$，故需向水中投加适量的磷；二是要有足够氧气；三是要控制某些条件，如 pH 值以 $6.5\sim9.5$、水温以 $10\sim25℃$ 为宜。另外应将重金属和其他能破坏生物过程的有害物质严格控制在规定范围之内。

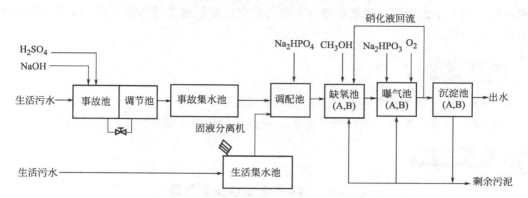

图 6-1   活性污泥法处理废水工艺流程

2. 生物铁法

生物铁法是在曝气池中投加铁盐，以提高曝气池活性污泥浓度为主，充分发挥生物氧化和生物絮凝作用的强氧化生物处理方法。工艺包括废水的预处理、废水生化处理和废水物化处理三部分。

预处理包括重力除油、均调、气浮除油；生化处理过程包括一段曝气、一段沉淀、二段曝气、二段沉淀；物化处理工艺流程包括旋流反应、混凝沉淀和过滤等工序。

在生物与铁的共同作用下能够强化活性污泥的吸附、凝聚、氧化及沉淀作用，达到提高处理效果、改善出水水质的目的。生物铁法的生产运行工艺条件包括：营养素的需求、适量的溶解氧、温度和 pH 值控制、毒物限量及污泥沉降比等。

3. 炭-生物铁法

炭-生物铁法是在原传统的生物法的基础上再加一段活性炭生物吸附、过滤处理，老化的活性炭采用生物再生。

该工艺流程简便，易于操作，设备少，投资低。由于炭不必频繁再生，故可减少处理费用。

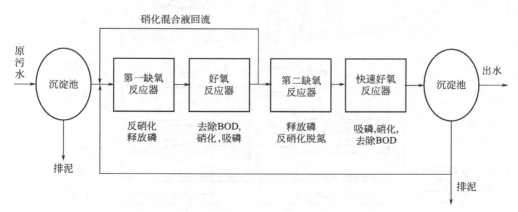

图 6-2   A-O 法内循环生物脱氮工艺流程图

4. 缺氧-好氧（A-O）法

用常规的活性污泥处理煤气化废水，对去除酚、氰以及易于生物降解的污染物是有效的，但对于 COD 中难降解部分的某些污染物以及氨氮与氟化物就很难去除。

A-O 法内循环生物脱氮工艺（图 6-2），即缺氧-好氧工艺，其主要工艺路线是缺氧在前，好氧在后，泥水单独回流，缺氧池进行反硝化反应，好氧池进行硝化反应，废水先流经缺氧池后进入好氧池。

能力训练

1. 分组讨论，煤气化废水处理后，如何循环使用。
2. 请运用网络、教材、参考书等渠道，查阅煤气化废水循环工艺流程方框图。

阅读材料

煤气化废水深度处理

经过酚、氨回收，预处理及生化处理后的煤气化废水，其中大部分污染物质得到了去除，但某些主要污染指标仍不能达到排放标准，因此需要进一步的处理即深度处理，来使这些指标达到排放标准。

1. 活性炭吸附法

煤气化废水经以上步骤处理后 COD 的去除率效果不是很理想，出水浓度较大，很难达标排放，为使废水达标排放，可使用活性炭降低废水中 COD 的浓度。

废水处理中活性炭吸附主要对象是废水中用生化法难以降解的有机物或用一般氧化法难以氧化的溶解性有机物，包括木质素、氯或硝基取代的芳烃化合物、杂环化合物、洗涤剂、

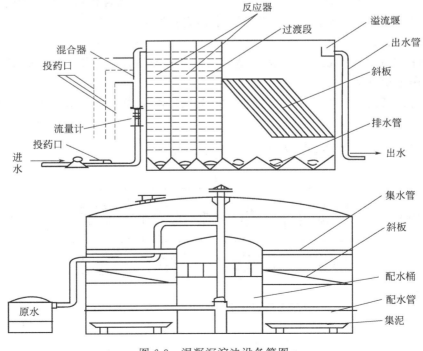

图 6-3　混凝沉淀法设备简图

合成燃料、除莠剂、DDT 等。

当用活性炭吸附处理时，不但能够吸附这些难分解有机物，降低 COD，还能使废水脱色、脱臭。因此吸附法在废水的深度处理中得到了广泛的应用。

2. 混凝沉淀法

混凝是给水处理中一个重要的处理方法。混凝法（图 6-3）可以降低废水的浊度、色度，去除多种高分子物质、有机物、某些重金属毒物和放射性物质等，去除导致富营养化的物质如磷等可溶性无机物，并且它能够改善污泥的脱水性能。

此法具有设备简单，操作简便，便于运行，处理效果好的优点；缺点是运行费用高，沉渣量大。

任务3
煤气化过程的废渣处理

想想看煤气化废渣主要有哪些？如何综合利用？

一、废渣的污染

1. 对水体的污染

固体废物进入水体，会影响水生生物的生存和水资源的利用。投弃海洋的废物会在一定海域造成生物的死亡。废物堆或垃圾填地，经雨水浸淋，渗出液和滤沥会污染土地、河川、湖泊和地下水。

2. 对大气的污染

固体废物堆中的尾矿、粉煤灰、干污泥和垃圾中的尘粒会随风飞扬，遇到大风，会刮到很远的地方。许多种固体废物本身或者在焚化时，会散发毒气和臭气。

3. 对土壤的污染

固体废物及其渗出液和滤沥所含的有害物质会改变土质和土壤结构，影响土壤中微生物的活动，有碍植物根系生长，或在植物机体内积蓄。

二、煤气化的排渣

煤的气化过程是一个有热效应的化学反应过程，反应物是煤和气化剂。气化剂一般为空气、O_2、水蒸气或 H_2。煤和气化剂按照一定的比例，在一定温度和压力条件下发生化学反应，煤中的可燃成分转化为气体燃料，即产品煤气，灰分则以灰渣的形式排出。

1. 煤气化排渣方式

（1）固态排渣：灰渣层要保持一定厚度，保护炉栅；合适的蒸汽和氧气比例，防止结渣。

（2）加压液态排渣时采用和料槽阀门相同的方法排灰。

（3）流化床反应器，矸石灰从炉子底部开口排灰，飞灰从粗煤气中分离。

（4）气流床反应器，灰渣以液态方式排渣，从气化炉底部开口流出（前提是气化温度应高于灰渣的熔化温度）。

煤气化过程产生的废渣，全国产生量为几千万吨以上，大部分储入堆灰场。

2. 德士古（Texaco）气化炉排渣

德士古气化方法对环境影响较小，高温排出的熔渣，冷却固化后可用于建筑材料，填埋时对环境也无影响。

对于煤粉尘危害较大的设备，采用通风除尘设备进行处理。水煤浆气化工艺在一定程度上减少了粉尘污染，较好地改善了劳动环境，生成的熔渣不污染环境，而且是良好的建筑材料，如制造水泥、煤渣砖等。

从环境保护上讲，德士古煤气化方法优于其他气化方法，不但无废水生成，还可添加其他有机废水制煤浆，气化炉起焚烧作用。排出灰渣呈玻璃光泽状，不会产生公害。

3. 壳牌（shell）气化炉排渣特点

壳牌技术使煤炭资源得以充分利用，排出的炉渣含碳<1%、飞灰含碳<5%，可以再利用，同时排出的废水少；其中硫化物被还原成纯硫黄，可以作为原料出售给化工行业，灰分则被回收为清洁炉渣，用来制造建筑材料。

三、煤气化废渣的利用

1. 筑路

在炉渣中加入适量的石灰拌和后，可作为筑路底料。

2. 用于循环流化床燃烧

气化炉渣含有大量未烧掉的炭，还可掺和煤粉，用作循环流化床锅炉的燃料。

3. 做建筑材料

炉渣可代替黏土作为生产水泥的原料，或者作为水泥混合材料。将灰渣破碎、煅烧，配以定量的石膏、萤石等混合材料，经球磨粉化即成灰渣硅酸盐水泥。还可配一定量的生石膏、生石灰、水泥等配料，通过高压制成免烧砖。

4. 用作填料

灰渣中含有约60%的SiO_2，所以可用作橡胶、塑料、深色涂料及胶黏剂的填料。

 阅读材料

固体废物的处理原则

1. 无害化原则

基本任务：将化工废渣通过工程处理，达到不损害人体健康，不污染周围的自然环境（包括原生环境与次生环境）。

处理工程：垃圾的焚烧、卫生填埋、堆肥、粪便的厌氧发酵、有害废物的热处理和解毒处理等。

2. 减量化原则

基本任务：通过适宜的手段减少和减小化工废渣的数量和容积。

实现战略：化工废渣进行处理利用，减少固体废物的产生。

3. 资源化原则

基本任务：采取工艺措施从固体废物中回收有用的物质。

原则：技术可行、经济效益较好、"资源化"产品应当符合国家相应产品的质量标准。

 **能力训练**

分组讨论，如何充分利用煤气化中的废渣？列举你知道的煤气化废渣利用实例。

 能力拓展

请运用网络、教材、参考书等渠道，查阅《危险废物污染防治技术政策》的废渣处置方法，对你有哪些启发？

 阅读材料

煤气化"三废"排放数量及组成

"三废"是废气、废水和固体废弃物的总称，对于水煤浆加压气化，"三废"的主要排放点在哪里？排放组成是什么？排放标准要达到什么要求？"三废"又可称为"放在错误地点的原料"，如果将其回收利用，还可改善环境卫生，本气化工艺的排放物中有没有具有回收价值的组分呢？

1. 废气

气化装置所排放的废气主要是开停车时的放空气体、烘炉时的抽引气体、管道或设备安全阀启跳时排放的气体、各容器的高点放空以及装置富余的副产蒸汽等。开停车放空气、安全阀排放气均经火炬管线送往开工火炬或长明总火炬燃烧后放空。燃烧后产物符合《大气污染物综合排放标准》GB 16297—1996 中新污染源大气污染物限值二级标准，对大气不构成污染。装置中广泛采用氮封技术，有效防止不利于环境的气体的外逸。

在装置框架内安装 CO 监测系统，监视系统内合成气的泄漏情况。不同监测点废气排放数量及组成见表 6-2。

表 6-2　不同监测点废气排放数量及组成

监测点	流量/(N³/h)(标准状况)	温度/℃	压力/MPa	组成/%					
				H_2O	CO_2	H_2	NH_3	CO	N_2
烧嘴冷却水分离器	8.0	49	0						100
锁斗和渣池	3.6	75	0	36.0	20.6	36.2	7.2		
酸气分离器	213	93.7	0	16.8	31.9	21.8	5.2	20.7	0.1
真空泵分离器	1.3	66	0	100.0					
出界区合成气	238169	216.7	3.66	58.9	7.1	14.5	0.1	18.7	0.2

2. 废水

水煤浆气化装置的废水排放共有三种物流，即：经废水冷却器送往界外进行处理的灰水、渣池水以及排污、冲洗、溢流、雨水等废水。废水的主要组成是氨、甲酸盐、硫酸盐、氯化物、碳酸盐、含氰化合物及不溶性固体，较一般气化方法产生的废水容易处理。不溶性固体主要是未完全反应所剩余的碳以及铁、钙、镁、铝、硅的化合物。废水排放数量及控制指标见表 6-3。

表 6-3　废水排放数量及控制指标

项目	流量	控制指标
灰水	约 26560kg/h	悬浮物＜80mg/L Cl⁻＜500mg/L pH 值:7～9 CN⁻:＜0.05mg/L

需设塔式生物滤池去污水处理系统，使排放废水中悬浮物、pH 值、CN^-、BOD_5、COD_{Cr} 等标准不低于《污水综合排放标准》8978—1996 所定的二级标准。最高允许排水定额及最低允许水循环利用率亦应符合上述标准。

3. 粉尘及废渣

对于煤粉尘危害较大的设备，采用通风除尘设备进行处理。水煤浆气化工艺在一定程度上减少粉尘污染，较好地改善劳动环境。生成的熔渣不污染环境，而且是良好的建筑材料，如制造水泥、煤渣砖等。废渣排放数量及控制指标见表 6-4。

表 6-4　废渣排放数量及控制指标

项目	数量	控制指标
炉渣	约 13340kg/h	可燃物＜15％
滤饼	约 4290kg/h	

项目七

煤炭气化生产操作

（以多喷嘴对置式水煤浆加压气化装置为例）

🎯 学习目标

1. 认识煤气化的原料、辅助药品及公用工程的种类及规格。
2. 了解单机试车、水压试验、吹洗及联动试车的目的和内容。
3. 掌握单机试车、水压试验、吹洗及联动试车的方法和操作要点。
4. 掌握气化工段的开车步骤和操作要领。
5. 掌握煤浆浓度、黏度及粒度分布的影响因素及控制方法。
6. 掌握煤浆制备工段正常运行时的巡检和维护内容。
7. 掌握气化工段正常停车操作步骤和操作要领。
8. 掌握气化工段常见故障及处理方法。
9. 了解水煤浆加压气化过程中"三废"的主要排放点及排放标准。

本书以多喷嘴对置式水煤浆加压气化装置（单炉日处理 1150t 煤，气化压力 4.0MPa）为例，介绍气化装置的生产原料，原始开车前的各项准备工作，原始开车过程，正常工况维持，正常停车过程，事故处理以及"三废"排放等方面的内容。

任务1
认知煤气化的原料及辅助药品

想想看

通过前面几种典型煤气化工艺的学习，知道煤气化的主要原料是煤，除此以外还用到其他的原料和辅助药品吗？它们是什么状态的？什么颜色？什么气味？主要成分是什么呢？

一、气化原料及辅助药品

气化原料及辅助药品如图 7-1～图 7-6 所示。

1. 原料煤

在水煤浆制备过程中，如果煤中灰分过大，很容易造成黑水管线的堵塞。而煤中水分含

图 7-1　原料煤

图 7-2　氧气

图 7-3　制浆水

图 7-4　添加剂

图 7-5　絮凝剂

图 7-6　分散剂

量过大的话，会增加成本，影响煤浆浓度和黏度，所以要严格要求气化使用的煤种。

过高的灰熔点会带来气化反应效率下降，生产成本的增加，系统黑水管线堵塞等一系列不利影响。所以，在原料煤的要求上应该进行非常严格的控制和筛选，若对气化用煤不进行严格控制，会严重影响到气化系统的稳定运行。

从经济运行的角度出发，在煤种筛选时控制指标见表 7-1。

表 7-1　气化用煤种控制指标

序号	指标项	控制要求
1	水分	煤种的内水含量小于 8% 为宜
2	灰分	灰分宜小于 13%
3	灰熔点	灰熔点小于 1300℃
4	热值	发热量不低于 25MJ/kg，越高越好
5	可磨性	可磨性好、灰渣黏温特性好的煤种

2. 氧气

气化反应需要用纯度在 99.6% 以上的氧气。利用煤的部分氧化释放出热量，维持在该煤种灰熔点温度以上进行气化反应。

3. 添加剂

添加剂的主要作用是调节煤浆黏度，添加剂呈液态，主要成分木质素磺酸钠，含量在 8% 左右；pH 值在 8.0～12.0，呈碱性；添加剂固含量在 8% 左右，密度 1.1～1.2g/mL。

4. 絮凝剂

絮凝剂的主要作用是加速澄清槽内含渣量比较大的灰水沉淀，净化澄清槽内灰水水质。常用的絮凝剂是阳离子类大分子聚丙烯酰胺，呈白色固体粉末状。

5. 分散剂

分散剂的主要作用是减缓系统管线内的黑水、灰水的沉淀结垢。分散剂一般使用聚羧酸盐类酸性混合物，pH 值是 2.0～3.0，呈强酸性，密度 1.15g/mL 左右。

二、公用工程规格

水煤浆加压气化所用公用工程名称规格如表 7-2 所示。

表 7-2　公用工程名称及规格

序号	名称	规格
1	原水	常温,硬度(以 $CaCO_3$ 计):190mg/L
2	循环冷却水	pH:7～8
3	软水	常温,硬度(以 $CaCO_3$ 计)≤5μmol/L
4	变换高温冷凝液	
5	变换低温冷凝液	
6	仪表空气	露点:－40℃,无油无尘
7	蒸汽	高、中、低压蒸汽
8	氮气	高、中、低压氮气
9	工艺空气	无油无尘
10	密封水	高压,低压
11	燃料气	常温
12	电	2 回路,6000V,380V,220V
13	事故电源	380V,220V
14	氨水	常温,15%～16%(wt)
15	消防水及清洗水	常温

能力训练

1. 查阅资料,煤气化生产中的氧气如何获得?
2. 煤气化公用工程包括哪些?

能力拓展

请运用网络、教材、参考书等渠道,说明原水、循环冷却水、软水有什么不同,分别用于哪些设备?

任务2
原始开车前的准备工作

想想看

化工装置的原始开车是一项非常复杂的工作,如果投产不顺利,甚至发生重大事故,企业将承受巨大的损失。因此,为了确保化工装置化工投料的顺利进行,必须努力做好各方面的工作,在原始开车前,需要进行哪些方面的准备工作呢?

知识窗：原始开车

原始开车是指新建化工装置首次开车，在开工前一般需要进行化工机械的单机试运，化工容器（或储罐）的容积标定，化工装置的吹扫和清洗，化工设备和管道的酸洗与钝化，化工装置的强度试验和严密性试验，工程中间交接，联动试车等内容。

气化装置原始开车前，对各项准备工作总的要求是"单机试车要早，吹扫气密要严，联动试车要全"。

一、单机试车

1. 单机试车的条件

实际的单机运行多数情况下是采取分区域、分阶段组织的，在这种情况下进行单机试运至少要具备以下的条件。

（1）单机传动设备（包括辅助设备）经过详细检查，润滑、密封油系统已完工，油循环达到合格要求；施工记录等技术资料符合要求，经"三查四定"确认，存在问题已消除（引进装置要经过现场外籍专家确认）。

（2）单机试车有关配管已全部完成。

（3）试车有关的管道吹扫、清洗、试压合格。

（4）试车设备供电条件已具备，电器绝缘试验已完成。

（5）试车设备周围现场达到工完料净场地清。

（6）试车方案和有关操作规程已审批和公布。

（7）试车小组已经成立，试车专职技术人员和操作人员已经确定。

（8）试车记录表格已准备齐全。

工具准备：转速计、测振仪、听棒、测温仪、万用表等。见图7-7～图7-11。

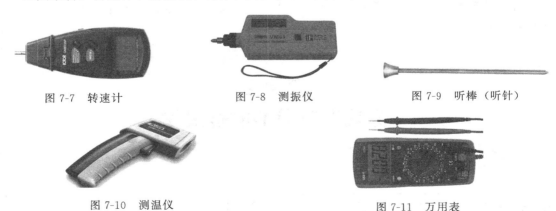

图7-7 转速计　　　　图7-8 测振仪　　　　图7-9 听棒（听针）

图7-10 测温仪　　　　　　图7-11 万用表

2. 单机试运的介质

最常用的液体介质是水，气体介质为空气和氮气。用氮气比空气要困难些。但氮气安全性能好，对于要求较高的大型机组来说是一种比较合适的选择。而且在试运过程中氮气消耗很少，常常可以和系统氮气气密试验结合起来进行。

3. 单机试运应达到的设备质量标准

（1）轴承的温度。除去有专门规定外，滑动轴承的温升应不超过 35℃，其最高温度应不超过 65℃；滚动轴承的温升应不超过 40℃，最高温度应不超过 75℃。往复压缩机金属填料函在压盖处测量的温度不应超过 60℃。

（2）泵的填料密封泄漏量。对一般液体的软填料型密封，允许有 5～20 滴/min 的均匀成滴泄漏。对于机械密封应按其专门规定。对于输送有毒、易燃等物料的泵更要严格控制其泄漏量不超过设计允许值。单机试运记录表见表 7-3。

表 7-3　单机试运记录表

工程名称		车间名称	
设备名称		设备位号	
设备规格		类型	
能力		转数	

驱动机规格					
种类		型号		类别	
转数		电（汽）压		额定电流	

运转前的检查
1. 电动机或（汽轮机）的检查
2. 机器本体拆洗情况
3. 冷却系统检查情况
4. 系统油洗或油压试验情况
5. 所注循环或润滑油

部位	油标号	合格证书	注油数量	日期

施工班组		技术负责人	
检查员		建设单位代表	

4. 单机试运项目

气化装置进行单机试运的主要有各种类型的泵和搅拌器，以及破渣机和捞渣机等设备。

（1）泵：高压煤浆泵、烧嘴冷却水泵、锁斗循环泵、渣池泵、灰水循环泵、预热水泵、低压灰水泵、澄清槽进料泵、真空凝液泵、分散剂泵、絮凝剂泵、工艺冷凝液泵、汽提塔底料泵、低温冷凝液泵等。

（2）搅拌器：澄清槽搅拌器、絮凝剂槽搅拌器、煤浆槽搅拌器、废煤浆槽搅拌器等。

 **能力拓展**

制定高压煤浆泵单机试运方案

1. 试车流程

打开煤浆储槽底部原水阀往煤浆储槽内注水，待液位有满液位的 50% 时关闭。按单体设备操作法启动高压煤浆泵打循环。

2. 阀门确认

(1) 打开泵进出口阀。

(2) 关闭循环管线至地沟阀门。

**能力拓展**

制定澄清槽搅拌器单机试运方案

待所有管线冲洗干净后，排净澄清槽内积水，并将澄清槽底部冲洗干净。完毕后，往澄清槽内加水，液位淹没搅拌器桨叶后，按单体设备操作法启动澄清槽搅拌器。

二、水压试验和气密性试验

1. 压力试验前的准备工作

(1) 准备好气密性试验用的洗衣粉、透明胶带、任务单、记录本等。

(2) 系统中所加盲板应办理盲板票，标记清盲板的抽加位置，相关阀门应开关到位。

(3) 气密性试验压力依据设备操作压力进行，用氮气对系统进行充压时，应缓慢，禁止充压过快。气密性试验要确认试验范围内的设备、管道的操作压力的一致性，即不宜遗漏更不允许试验压力超过操作压力。

(4) 对系统中出现漏点应标记清楚，并及时加以紧固处理，直到不出现漏点为止。

(5) 对于不允许使用水作为介质进行压力试验的，可利用现场的压缩空气先向系统充压，如果压力不能满足压力试验的要求，则可采用补充氮气使压力达到试验压力。

(6) 当管道与设备作为一个系统进行试验时，管道的试验压力等于或小于设备的试验压力时，应按管道试验压力进行试验，当管道试验压力大于设备的试验压力，且设备的试验压力不低于管道设计压力的 1.15 倍时，如建设单位同意，可按设备的试验压力进行试验。

2. 管道系统试压

(1) 水压试验 水压试验时应将水缓慢充满容器和管道系统，打开容器和管道系统最高处阀门，将滞留在容器和管道内的气体排净。容器和管道外表面应保持干燥，待壁温与水温接近时方能缓慢升压至设计压力，确认无泄漏后继续升压到现定的试验压力，根据容积大小保压 10～30min，然后降压至设计压力，保压进行检查，保压时间不少于 30min，检查期间压力应保持不变。

检查重点是各焊缝及连接处有无泄漏、有无局部或整体塑性变形，大容积的容器还要检测基础下沉情况。

检查时可用小锤沿焊缝平行于焊缝 15～20mm 处轻轻敲打。如发现泄漏，不得带压紧固和修理，以免发生危险。缺陷排除后，应重新做水压试验。

水压试验结束后，打开容器和管道的最低处阀门降压放水，排水时，不得将水排至基础附近，大型设备排水时，应考虑反冲力作用及其他安全注意事项。另外，排水时容器顶部的放空阀门一定要打开，以防薄壁容器抽瘪。水放净后，采用压缩空气或惰性气体将其内表面吹干，严防器内和管内存水。

试验用压力表不得少于两个并经校验合格，其精度不低于1.5级，表面刻度值为最大被测压力值的1.5～2倍。压力表应分别安装在最高处和最低处，试验压力应以最高处的压力读数为准。液体介质试压用临时管道及设施配置如图7-12所示。

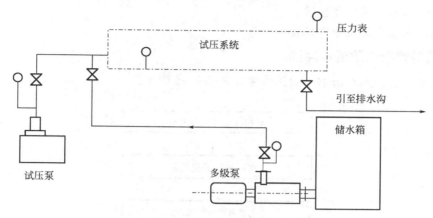

图7-12 液体介质试压用临时管道及设施配置示意图

（2）气密性试验 气密性试验时，升压应分段缓慢进行，首先升至气密性试验压力的10%，保压5～10min，检查焊缝和各连接部位是否正常，如无泄漏可继续升至规定试验压力的50%，如无异常现象、无泄漏，其后按每级10%连级升压，每一级升压3min，到达试验压力时，保压进行最终检查，保压时间应不少于30min。

检查期间，检查人应在检查部位喷涂肥皂液（铝合金容器、铝管用中性肥皂）或其他检漏液，检查是否有气泡出现，如无泄漏、无可见的异常变形、压力不降或压力降符合设计规定，即为合格。

气密性试验时，如发现焊缝或连接部位有泄漏，需泄压后修补，如要补焊，补焊后要重新进行耐压强度试验和气密性试验。如要求做热处理的容器，补焊后还应重做热处理。气体介质试压用临时管道及设施布置如图7-13所示。

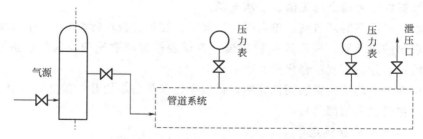

图7-13 气体介质试压用临时管道及设施布置图

3. 管道试压系统的复位

（1）管道试压系统试压合格后，应将临时管道和临时设施拆除，并逐一核定后，对不允许参加试压的拆除件进行复位，并要做好记录。

（2）复位后的管道系统，应经施工单位和建设单位共检确认。

（3）试压合格后的管线，须在管线上做明显标志，说明管线已试压合格。

4. 气密性试验内容

（1）气化炉、锁斗、炭洗塔、合成气管线系统气密性试验。

（2）氧气及氧气外管部分气密性试验。

（3）煤浆管线部分气密性试验。

（4）高压闪蒸系统气密性试验。

（5）低压闪蒸系统气密性试验。

（6）真空闪蒸系统气密性试验。

三、设备管道吹除或水冲洗

设备管道吹扫或水冲洗的一般操作流程如图 7-14 所示。

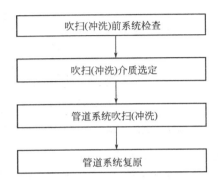

图 7-14　吹扫或水冲洗操作流程

1. 吹扫（冲洗）前系统检查

（1）所有吹扫工艺管线试压查漏完毕，所有盲板禁油。吹洗时拆除的短节、过滤器、流量计、阀门等密封保存，要重新检验确认合格后才能复位，必要时要进行脱脂。拆开后敞口的管道设备，如果当天不能进行吹洗，需用干净的塑料布封口。

（2）吹洗所需的临时接头、盲板、短节、法兰等器具准备齐全，并经检查确认合格。

（3）能够提供压力稳定的无油、清洁气源。

（4）管道上可拆除的调节阀、单向阀、过滤器、流量孔板均拆除，单向阀拆除阀芯后复原，对无法取出的调节阀，应采取保护措施，各仪表根部阀吹洗前应关闭。拆除所有的压力、流量、液位、分析等变送器接头。

（5）吹洗前所有调节阀安装调试完毕，机、电、仪具备原始开车条件，所有工艺管线的阀全部关闭（包括仪表根部阀）。

2. 吹扫（冲洗）介质选定

管道系统吹扫（清洗）介质应按设计规定执行。当设计无规定时，可按下述原则结合现场具体情况选用吹扫（清洗）介质：

（1）公称直径大于或等于 600mm 的液体或气体管道，宜采用人工清理。

（2）公称直径小于 600mm 的液体管道宜采用水冲洗。

（3）公称直径小于 600mm 的气体管道宜采用空气吹扫。

（4）蒸汽管道应用蒸汽吹扫。

（5）水管道应用清洁水。

（6）一般压缩空气管道应用一般压空。

（7）仪表压缩空气管道应用干燥的无油压空。

（8）氧气管道应用无油压空。

（9）排气（汽）管道可不冲洗，但应检查管路是否畅通。

（10）设计有规定时应按设计文件规定的吹扫介质及方法进行吹扫或冲洗。

3. 管道系统吹扫（冲洗）

（1）水冲洗

① 系统冲洗用临时供水管道及排水管道应按冲洗（吹扫）方案进行安装。水源应从管道系统的高处接入，在底处排放，并将冲洗水引入下水道或沟渠。

② 水冲洗管道应用洁净水，冲洗不锈钢管所用水的氯离子浓度必须小于 25×10^{-6}。

③ 冲洗流速不低于 1.5m/s。

④ 水冲洗应连续进行，以排出口的水色透明度与入口水目测一致为合格。

⑤ 排放管的截面积≥被冲洗管道截面积的 60%，排水时，应注意不能形成负压。

⑥ 管道系统进行水冲洗时必须在环境温度 5℃ 以上。若在冬季冲洗，应采取加温措施。

（2）空气吹扫

① 首先将压力源接到被吹扫的管道上，接入点应尽可能选取本系统的较高位置，这样可以自上而下吹扫，以获得较好的效果。

② 吹扫时，空气的流速较大，空气带着杂物通过被吹洗的管道内表面，所以衬里管道须用低流速，以免损伤管道的衬里。

③ 空气吹扫流速≥20m/s，吹扫压力不得超过管道的设计压力。

④ 吹扫时用锤（不锈钢管用木锤或塑料锤）轻敲管壁，对焊缝、死角和管底部位重点敲打，但不得损伤管子。

⑤ 空气吹扫时应尽可能连续吹扫，当管径较大，气源不能保证足够的吹扫流速时可以采取间断吹扫的方法进行系统吹扫，即向系统充入空气时先关闭排出口的阀门，待系统达到预定的压力时，快速打开排出阀门，使系统内的气体流速达到吹扫的要求。如此反复进行，直至吹扫合格。

⑥ 当目测排气无烟尘时，应在排气口处用白布或用涂白漆的木板检验，5min 内白布上无明显可见的铁锈、尘土、水分及其他杂物为合格。

⑦ 吹扫空气排出口的周围，要采取防护措施，挂上明显的标志牌。排气口处的管道必须采取有效措施固定牢固。

4. 吹扫（冲洗）**分类**

（1）公用工程管线的冲洗和吹扫

① 环水管线的冲洗。

② 界区中压、低压氮气管线吹扫。

③ 密封水管线的冲洗。

④ 盐水管线的冲洗。

⑤ 水管线的冲洗。

（2）煤浆制备工段水冲洗

① 加剂槽及进出口管线的冲洗。

② 煤水槽及磨煤水泵管线的冲洗。

③ 机出料槽及低压煤浆泵进出口管线的冲洗。

（3）气化工段水冲洗和吹扫

① 煤浆槽及高压煤浆泵进出口管线的冲洗。

② 煤浆循环管线的冲洗。

③ 灰水循环泵进出口管线的冲洗。

④ 预热水泵进出口管线的冲洗。

⑤ 渣池泵进出口管线的冲洗。

⑥ 烧嘴冷却水系统的冲洗。

⑦ 锁斗及泵进出口管线的冲洗。

⑧ 低压氮气管线的吹除。

⑨ 氮压机出口管线及氮气储罐 V1302 的吹除。

⑩ 中心氧和主氧气管线高压氮气管线的吹除。

⑪ 煤浆管线高压氮气吹除管线的吹除。

⑫ 空分至气化主氧气管线的吹扫。

 能力拓展

制定添加剂槽及进出口管线的冲洗方案

1. 冲洗介质

原水。

2. 冲洗流程

添加剂制备槽→添加剂制备泵→添加剂槽→添加剂泵→磨机入口前临时排放口→排放

3. 冲洗方法

向添加剂制备槽加入原水，建立一定液位后，打开槽底部倒淋阀，对槽子冲洗；冲洗合格后关闭泵入口阀，打开入泵前的倒淋阀，对其入口管线冲洗；入口管线冲洗合格后按单体设备操作规程启动添加剂泵，对泵出口管线冲洗。

制定低压氮气至事故烧嘴冷却水槽的吹扫方案

1. 吹除流程

来自管网的低压氮气→低压氮气至事故烧嘴冷却水槽

2. 吹除方法

拆除低压氮气至事故烧嘴冷却水槽 V1307 管线上的止回阀，打开低压氮气管线上的截止阀，对低压氮气管线进行吹除。吹除一段时间后在排气口用白布或涂白漆的靶板检查，如 5min 内检查其上无明显铁锈、尘土及其他脏物，即视为合格。

四、联动试车

水联动试车是以水为介质，对气化装置以液体运行的系统进行模拟运行，它的目的是检验其装置或系统除受真正化工投料中介质影响以外的全部性能和安全质量，特别是仪表联动控制的效果。对操作人员进行一次全面训练并熟悉操作，是对公用工程的供应情况的一次考核，消除试运过程中发现的缺陷，同时通过速度较大的液体循环带出可能残存于系统中的少量锈斑，细小的焊渣杂物等，是装置化工投料试车前的一项重要工作。

1. 联动试车的条件

（1）单机试车已经全部完成且合格。

（2）试车范围内的设备和管道系统的内部处理及耐压试验、严密性试验已经全部合格。

（3）试车范围内的电器系统和仪表装置的检测系统、自动控制系统、联锁及报警系统等应符合相关规定。

（4）试车方案和操作法已经批准。

（5）试车领导组织及各级试车组织已经建立，参加试车的人员已经考试合格。

（6）试车所需燃料、水、电、汽、工艺空气和仪表空气等可以确保稳定供应，各种物资和测试仪表、工具皆已齐备。

（7）试车方案中规定的工艺指标，报警及联锁整定值已确认并下达。

（8）试车现场有碍安全的机器、设备、场地、走道处的杂物，也已清理干净。

2. 系统联动试车流程

气化系统水联动试车流程如图 7-15 所示。

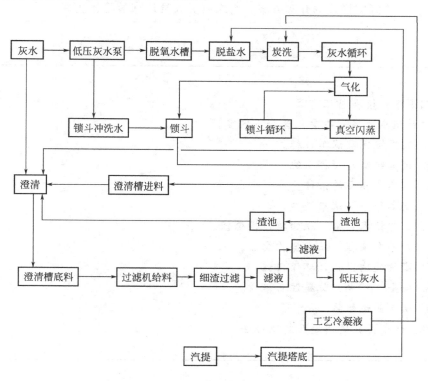

图 7-15　气化系统水联动试车流程

3. 气化界区水联动试车内容

气化界区的水联动试车包括：以低压灰水为供水源头的系统大循环、锁斗系统水循环、烧嘴冷却水系统循环、渣水处理系统循环、汽提塔底泵为源头向气化界区供水的循环、高温冷凝液泵向气化界区水循环。

渣水处理系统水联动步骤如下。

（1）启动澄清槽底料泵向过滤机给料槽供水。

（2）启动真空过滤机真空泵和真空过滤机系统。

（3）启动过滤机给料泵向真空过滤机供料。

（4）滤液受槽有液位后，启动滤液泵向灰水槽供水。

任务3
装置原始开车

　　装置的原始开车过程是一套化工装置从设计、安装到投入生产漫长过程中最关键的一个步骤，需要管理人员、技术人员、操作人员、消防人员、救护人员以及后勤保障人员等各方面的密切配合，为了开车过程顺利进行，应制定详细的开车方案，组织有关人员认真学习和演练。

知识窗：投料试车方案

投料试车方案一般要包含如下内容。

1. 装置概况及试车目标。

2. 试车组织与指挥系统。

3. 试车应具备的条件。

4. 试车程序与试车进度。

5. 工艺技术指标，联锁值，报警值。

6. 开停车规程，正常操作要点。

7. 事故处理措施，环保措施。

8. 安全、防火、防爆注意事项。

9. 试车保运体系。

10. 试车存在的问题及解决办法。

一、煤浆制备工段开车

　　煤浆制备系统开车前，各公用工程部分必须首先开车，开车所需的工艺水、一次水、循环水、仪表空气、添加剂、原料煤等送至界区，系统具备开车运行的条件。

1. 开车前应确认以下内容

（1）所有设备均已检修完成，且试车合格。

（2）原料煤输送系统正常，原料煤已输送至煤仓内备用。

（3）煤浆添加剂已送至煤浆制备槽内备用。

（4）一次水、仪表空气、循环水已送到界区前。

（5）煤浆制备、煤浆输送系统所有冲洗水接口前阀门均处于关闭状态。

（6）两煤浆槽内无杂物，槽底部排放阀、放料阀关闭，煤浆槽顶部人孔封闭，两煤浆槽具备存放煤浆条件。

2. 开车步骤

（1）给磨煤机加水　磨煤机原始开车时，可以用一次水给磨煤机加水。

（2）当磨煤机出料口有水溢流时，按单体操作规程启动磨煤机。

（3）按单体操作规程启动煤称量给料机。

（4）启动添加剂系统　添加剂存放在添加剂地下槽备用，按规程启动添加剂地下槽泵，建立添加剂槽液位。待添加剂槽液位为50％时，按规程启动添加剂槽搅拌器，当液位为80％时，按规程停止添加剂地下槽泵。

当磨煤机启动后，按规程启动添加剂给料泵。

（5）当磨煤机出料槽液位为30％时，按单体操作规程启动磨煤机出料槽搅拌器。

按单体操作规程启动磨煤机出料槽泵，走自身循环流程。

（6）当磨煤机出料槽液位为80％时，打开磨煤机出料槽泵去磨煤排放池管线上的球阀，关闭循环阀，将不合格的煤浆切到磨煤排放池。

（7）逐渐调整磨煤机的给水量、给煤量及添加剂的流量，将煤浆浓度控制在指标范围内。

在磨煤机出料槽泵进口处取煤浆样分析（也可在滚筒筛取样），分析浓度、黏度达到指标后（浓度58.5％～63％，黏度700～1500cP），将煤浆切到煤浆槽。

并及时通知总控室操作人员注意监控煤浆槽液位，当煤浆槽液位为10％时，通知气化框架操作人员启动煤浆槽搅拌器。

（8）将磨煤机出料槽泵循环管线上的冲洗水阀和软管连接好，打开冲洗水阀，打开去磨煤排放池管线上的球阀，冲洗5min后关闭冲洗水阀，拆除软管，关闭去磨煤排放池管线上的球阀。

（9）当煤浆切到煤浆槽后，逐渐将磨煤机的负荷加到需要的负荷。

煤浆制备工段开车操作票见图7-4。

表7-4　煤浆制备工段开车操作票

步骤	操作条件	操作步骤	步骤确认
1		向磨煤机加水	
2	磨煤机出料口有水溢流	启动磨煤机	
3		启动煤称重给料机	
4		启动添加剂泵	
5	出料槽液位＞30％	启动出料槽搅拌器，走自身循环流程	
6	出料槽液位＞80％	关闭循环阀，将不合格的煤浆切到磨煤排放池	

步骤	操作条件	操作步骤	步骤确认
7		调整磨煤机的给水量、给煤量及添加剂的流量	
8	煤浆指标合格	将煤浆切到煤浆槽	
9		冲洗去磨煤排放池的管线	
10		逐渐将磨煤机的负荷加到需要的负荷	

二、气化工段开车

1. 气化炉耐火材料的预热

(1) 烘炉流程　燃料气总管来的燃料气经调节阀和金属软管及预热烧嘴在炉膛内和从预热烧嘴风门进入炉膛的空气进行燃烧，放出大量的热，使耐火材料的温度逐渐升高，燃烧后的废气在抽引器的作用下，经下降管从激冷室上部合成气出口引出，通过开工抽引器及其消音器排放到大气。

烘炉需要的1.3MPa的蒸汽来自热电管网，进入开工抽引器，在抽引器的喉管处，蒸汽的静压能转化为动能，形成一定的真空区，炉膛内的废气和没有完全燃烧的燃料气等就会被吸引到这一真空区，然后高速流动的蒸汽以及废气通过喉管到达扩散管，这时动能又转化为静压能，具有一定压力的蒸汽和废气的混合物通过抽引器消音器排放到大气，蒸汽冷凝水则由消音器底部的排水口排到地沟。

(2) 气化炉的预热　气化炉的预热过程，必须严格按照耐火材料厂商提供的升降温曲线执行，不得随意更改。新砌筑耐火衬里烘炉曲线如图7-16所示。

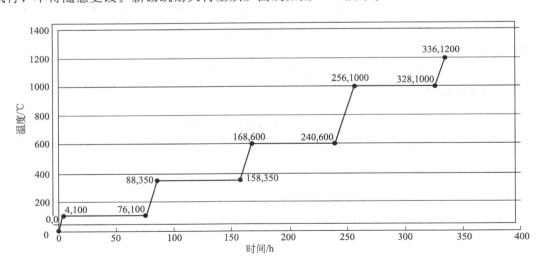

图 7-16　新砌筑耐火衬里烘炉曲线

① 建立预热水循环

灰水槽 ⟶ 低压灰水泵 ⟶ 激冷室 ⟶ 预热水封槽 ⟶ 澄清槽 ⟶ 灰水槽

② 启动开工抽引器　打开蒸汽管线上的倒淋阀，缓慢开启暖管。联系总控操作人员逐

渐调节炉膛压力为 $-100\sim-300$Pa 左右。

③引燃料气及点火　对燃料气管道进行置换，分析氧含量小于 1% 为合格。通知维修人员将燃料气管线和预热烧嘴用金属软管连接好。现场操作人员用电动葫芦将预热烧嘴移动到气化炉炉口旁边，对预热烧嘴置换 1min。

现场调节好手动阀的开度，调节好燃料气量，用火把点燃预热烧嘴，然后稍开大手动阀，控制预热烧嘴的火焰，把预热烧嘴安放到气化炉炉口上。视升温要求调节燃料气量和炉膛压力在适当值，这时总控人员注意观察炉温上升的情况，现场调节好煤气量后，总控通过调节炉膛负压控制升温速率。

注：点火时人站在上风向。烧嘴放入炉内时，一定要和总控联系，控制好炉内负压在 -200Pa 左右。

（3）调温原则及注意事项

①升温时，先加大抽引量（提高真空度），后加大燃料气量；降温时，先减小燃料气量，后减小抽引量（降低真空度）。

②烘炉期间，如果发生熄火，总控人员立即关闭燃料气切断阀，现场人员立即关闭燃料气手动阀，吊出预热烧嘴，开大抽引置换炉膛，抽引器管道上的氧含量测量表示数大于 18% 后，重新点火升温。

③烘炉期间，现场操作人员看火时，要戴好防护面具，以防突然回火烧人。

④气化炉投料前，炉膛温度在 1200℃，至少恒温 2h。

2. 建立高压氮气系统

（1）低压氮气储罐的置换　联系调度送低压氮气，现场观察低压氮气罐进口管道上的压力表有压力显示后，说明低压氮气已送至气化，打开低压氮气储罐进口阀门，打开低压氮气罐的导淋阀，对低压氮气罐进行置换。

取样分析合格后（氮气纯度 $\geqslant$99.9%），关闭导淋阀，打开事故氮气压缩机入口阀。

（2）按单体设备操作规程启动事故氮气压缩机　启动事故氮气压缩机后，先打开放空阀对事故氮气压缩机各段管路进行置换，取样分析合格后（氮气纯度 $\geqslant$99.9%），打开事故氮气压缩机的出口阀给高压氮气罐送氮气。

（3）总控室监控高压氮气储罐压力大于 11.5MPa，按单体操作规程停止事故氮气压缩机　高压氮气罐初次接受氮气时，应关闭其出口阀，当压力升高到 1.0MPa 后，打开出口阀对各个高压氮气分支管道进行置换，取样分析合格后（氮气纯度 $\geqslant$99.9%），关闭各分支阀门。

3. 煤浆给料泵清水循环

（1）清水循环流程

一次水→煤浆给料泵入口管线→煤浆给料泵→煤浆给料泵出口管线导淋→地沟

（2）打开泵入口冲洗水阀，按单体规程启动煤浆给料泵　煤浆给料泵清水循环结束后，打开出口导淋阀将出口管道里的水排放干净，关闭导淋阀。

4. 气化炉联锁空试

空试时要求一对烧嘴试验完后，再按同样的步骤对另一对烧嘴进行试验。

（1）确认仪表空气压力大于 0.5MPa。

（2）总控操作人员在 ESD 上调出气化炉开车画面，按下"初始化"按钮，确认联锁动作正确。

（3）按下"小流量氮气吹扫打开"按钮后，再按"小流量氮气吹扫复位"按钮，确认联锁动作正确。

（4）按下"A、B烧嘴复位"按钮，确认联锁动作正确。

（5）按下"A、B烧嘴启动"按钮，按气化开、停车时序表，确认各阀门动作正确。记录投料过程中的总时间。

（6）按下"A、B烧嘴紧急停车"按钮，按气化开、停车时序表，确认各阀门动作正确。

（7）按同样的步骤对另一对烧嘴（C、D烧嘴）进行试验，空试不少于三次。

5. 建立粗渣收集系统

确认锁斗逻辑系统调试合格，具备投用条件。

（1）建立锁斗冲洗水罐液位。

（2）给锁斗充水　当锁斗冲洗水罐V1308的液位达90％以上时，在DCS画面上按下"锁斗充水"按钮，当锁斗液位高报，充水结束。如果锁斗液位没有高报，需再次按下"锁斗充水"按钮，直到锁斗液位高报。

（3）按单体设备操作规程启动锁斗循环泵。

（4）总控调出锁斗画面，按"复位按钮"再按"保持"，此时锁斗处于集渣状态。

（5）气化炉投料前，锁斗程序至少走两个循环：确认锁斗阀门在"自动"状态，按下"启动"按钮。

6. 建立气化炉水循环

（1）建立除氧槽液位及除氧槽的热态运行　给除氧槽补水，液位达60％时投自动。通知调度，气化准备引0.5MPa蒸汽，控制除氧槽温度100～105℃。

（2）给蒸发热水塔补水，建立高温热水罐液位　当除氧槽液位达60％时，按单体操作规程启动脱氧水升压泵。当高温热水罐液位达60％时，投自动。

（3）给水洗塔补水　按单体设备操作规程启动高温热水泵，水洗塔液位LICA1401达60％时，投自动。在操作过程中，水洗塔液位过高时，可打开水洗塔黑水入澄清槽的球阀，以降低水洗塔液位，液位正常后关闭此阀门。

（4）预热水与激冷水的切换　确认水洗塔液位大于60％时，按单体设备操作规程启动黑水循环泵。

7. 启动真空闪蒸系统

开车前，先置换闪蒸系统，置换完毕后，可以启动真空闪蒸系统。

确认澄清槽溢流后，按规程启动澄清槽搅拌器，按规程启动真空泵，总控调节至真空度约50kPa。投用氮封水槽，确认氮气进入澄清槽和灰水槽。

8. 建立煤浆循环

煤浆制备来的合格煤浆进入煤浆槽，当煤浆槽液为10％时，按规程启动煤浆槽搅拌器。

（1）确认煤浆槽液位在60％以上。

（2）总控人员在ESD画面上调出气化炉开车画面，按下"A、B烧嘴初始化"，确认阀门动作正确。

（3）现场人员确认好煤浆给料泵具备开车时，联系总控人员，在ESD画面上按下"煤浆泵允许启动"按钮，现场操作人员按规程启动煤浆给料泵。

9. 接受氧气

联系调度给气化送氧气。

10. 安装工艺烧嘴及更换炉头盲堵

（1）启动烧嘴冷却水系统。

（2）安装工艺烧嘴　总控切断燃料气，预热烧嘴熄火后，吊出预热烧嘴。调节气化炉抽引量，保持炉膛微负压，用盖板盖好顶部炉口。同时迅速安装一对烧嘴，至少紧固四个螺栓后，安装另一对烧嘴。

（3）安装炉头盲堵　确认气化炉当前炉温，如炉温下降过快，继续烘炉。如果气化炉炉温可以满足开车条件，将气化炉炉口预制件放置到预热口内，然后将预热口盲法兰盖盖上，并紧固螺栓。

停止开工抽引器，关闭气化炉合成气出口至开工抽引器的电动阀，盲板倒为盲路，关闭蒸汽入界区总阀。

11. 系统氮气置换

（1）气化炉、水洗塔、旋风分离器的置换　倒通氮气置换管线进行置换，取样分析，$O_2 \leqslant 0.5\%$ 为置换合格。置换合格后，关闭氮气置换阀门，盲板倒盲。

（2）蒸发热水塔、低压闪蒸罐、真空闪蒸罐的置换。

12. 建立激冷室液位及旋风分离器液位

氮气置换合格后，立即将气化炉液位由预热液位调节到正常操作液位。

总控逐渐调节提高气化炉液位到 $40\% \sim 45\%$。在操作过程中，旋风分离器液位高时，可以打开旋风分离器黑水入澄清槽的球阀，以降低旋风分离器液位。

13. 投料前的检查和确认

气化炉投料前，要求电气、仪表、维修相关人员到位，以便及时处理投料过程中出现的问题。

（1）现场确认

① 按气化炉投料前阀门确认图、表，确认现场阀门在正确位置。

② 确认煤浆给料泵等运转设备运行正常。

③ 确认所有人员撤离气化框架。

（2）总控确认

① 确认气化炉炉温及液位、旋风分离器液位、水洗塔液位正常。

② 确认气化炉联锁、各流量、压力等参数正常。

③ 投料前总控人员按确认表已确认完毕，并签名。

④ 确认系统氮气置换合格。

⑤ 现场阀门确认图、表已返回控制室，并确认无误，并签名。

14. 系统投料

（1）通知调度，气化炉准备投料。

（2）总控人员在 ESD 上按下"氮气置换合格"按钮。

（3）总控按下"A、B 烧嘴启动"，气化炉 A、B 烧嘴投料。

（4）总控密切关注煤浆、氧气阀门的动作情况，在 DCS 上观察气化炉温度变化、气化炉压力变化，当气化炉温度先降后升，压力升高，说明投料成功。

（5）A、B 烧嘴投料成功后，5min 后，总控按下"C、D 烧嘴启动"，气化炉 C、D 烧嘴投料。

（6）总控密切关注 C、D 烧嘴各阀门的动作顺序及流量、压力等参数的变化，确认 C、D 烧嘴点火成功。

15. 投料后的操作

（1）总控调整煤浆和氧气的比例，控制炉温在 1300℃（视煤种不同，此值有所不同）。

（2）调节好系统的水平衡。

（3）当气化炉压力升高到 0.5MPa 时，将气化炉黑水切换到蒸发热水塔，将水洗塔黑水切换到蒸发热水塔，将旋风分离器黑水切换到蒸发热水塔。

（4）当气化炉压力升到 1.5MPa 时，通知维修人员对烧嘴法兰、炉顶预制件法兰等进行热紧；通知仪表人员对气化炉热电偶法兰进行热紧；工艺操作人员对整个系统认真巡检、查漏。

（5）现场操作人员到现场测量气化炉壁温，重点测烧嘴周围和顶部大小法兰处。

（6）气化炉的联锁全部投用。

（7）当气化炉压力升到 3.0MPa，水洗塔出口合成气温度≥200℃时，联系调度气化具备送气条件，将合成气送到变换。

（8）投用锁斗逻辑系统。

（9）气化炉投料成功后，现场人员立即对煤浆循环管线进行冲洗。

（10）调整气化炉负荷　当气化炉在投料负荷下稳定运行时，达到操作压力条件下，按正常操作要求逐渐增加煤浆和氧气的流量，使气化炉的负荷达到 100% 负荷。在提高气化炉负荷时，一定要遵循先增加煤浆量，再增加氧气量，并要少量多次的操作。

在加负荷的过程中，总控操作人员一定要全神贯注，每增加一次氧气量，都要密切观察炉温和氧煤比，严禁炉温和氧煤比的大幅波动。

（11）投用絮凝剂、分散剂系统。

（12）将黑水循环泵、高温热水泵的备用泵投自启动。

（13）系统运行 4h 后，投用真空过滤机系统。

（14）投用渣池泵。

任务4
装置生产工况维持

当水煤浆加压气化装置转入正常运行后，为了维持化工装置的正常运行，应当对主要的运行参数进行精心的调节和控制，水煤浆加压气化装置有哪些主要的参数？控制指标是多少？如果指标偏离，如何进行调节和控制呢？

一、煤浆制备工段的操作控制

1. 煤浆浓度的控制

（1）煤浆浓度的影响因素

① 原料煤内在水分含量、外表水分含量。

② 原料煤与工艺水、煤浆添加剂的添加比例。

③ 原料煤的成浆性能。

（2）煤浆浓度的控制方法

① 保持原料煤煤质的稳定，严格控制外水含量不超标，当原料煤中水分含量高时应适当减少工艺水添加量，当原料煤中水分含量低时可适当增加工艺水加入量。

② 保持煤浆添加剂浓度的稳定，控制其有效成分的稳定。

③ 在原料煤水分含量、添加剂浓度稳定时应尽量保持原料煤与工艺水、添加剂的添加比例稳定；当生产负荷发生变化时，原料煤、工艺水及添加剂加入量均应作相应的调整。

④ 操作中及时根据煤浆浓度分析结果调整工艺水添加量，其用量可按下式计算：

$$X = M(1-Y)/N - M - Z$$

式中　X——工艺水的用量，m^3/h；

Y——入磨机原料煤的全水含量，%；

Z——煤浆添加剂的用量，m^3/h；

M——入磨机的原料煤量，t/h；

N——煤浆浓度（质量），%。

2. 煤浆黏度的控制

（1）影响煤浆黏度的因素

① 煤浆粒度分布：当煤浆平均粒度偏细时，煤浆黏度会增大，当煤浆粒度分布偏粗时，煤浆黏度会降低。

② 煤浆浓度：煤浆浓度增高时，煤浆黏度会随之增高，当煤浆浓度降低时，煤浆黏度会随之降低。

③ 添加剂用量：在一定范围内，添加剂用量增加会降低煤浆黏度，添加剂用量减少会提高煤浆黏度。

（2）煤浆黏度的控制方法

① 如果是因煤浆粒度太细造成煤浆黏度变大时，可适当增大煤浆粒度，降低煤浆黏度；如果是因为煤浆颗粒偏粗造成煤浆黏度降低时，可适当减小煤浆粒度，增加煤浆黏度。

② 如果是因为添加剂用量不合适引起的黏度变化可作如下调整：

当煤浆黏度偏低时，可在正常用量的基础上适当减少添加剂用量。

当煤浆黏度增高时，可在正常用量的基础上适当增加添加剂用量。

当添加剂用量调节对煤浆黏度调整作用不明显时，应及时查找其他原因，并以其他方式进行调节。

3. 煤浆粒度分布的控制

煤浆粒度分布是水煤浆气化技术中重要的工艺指标之一，它决定了煤浆的性能、煤浆在气化炉内反应情况等，所以操作中应保证煤浆粒度的稳定。

（1）影响煤浆粒度分布的主要因素

① 原料煤的硬度：原料煤的硬度大时，煤不易被磨细，煤浆粒度会变粗，当原料煤硬度低时，煤易于被磨细，煤浆粒度会变细。

② 钢棒级配：钢棒级配直接影响煤浆粒度分布的合理与否，在原料煤煤种不变时，调整钢棒级配是调节煤浆粒度分布的主要手段。

③ 生产负荷：生产负荷增大时，煤浆粒度会增大，当生产负荷减小时，煤浆粒度会变细。

④ 入磨机原料煤粒度：入磨机原料煤粒度大，出料煤浆粒度增大，入磨机原料煤粒度小，则出料煤浆粒度变细。

（2）煤浆粒度的调节方法

① 保证原料煤煤质的稳定，特别是原料煤的硬度不要波动太大。

② 保证磨机内钢棒级配的合理性，并定期补加新钢棒以保证级配的稳定。

③ 保证生产负荷的相对稳定，短时通过调整生产负荷的大小来调整粒度，长期解决必须调整磨机内钢棒的级配来作相应的调节。

④ 保证入磨机原料煤粒度的稳定，煤浆粒度变细时，可适当增加原料煤的粒度，当煤浆粒度变粗时，可适当降低原料煤的粒度。

⑤ 由于影响煤浆粒度分布的因素较多，操作中当煤浆粒度变化时，应首先查明原因，然后再作相应的处理。

4. 加减负荷的操作

磨煤机加减负荷时，要缓慢进行，加负荷时先加大水量，再加大煤量和添加剂量，减负荷时先减小煤量和添加剂量，再减小水量。

5. 正常运行中的巡检和维护

（1）工艺巡检　工艺操作人员按要求对磨煤机进煤口进行巡检，将杂物及时清理干净；对磨煤机出口滚筒筛按时巡检，根据煤浆在滚筒筛里的位置，按经验判断煤浆浓度大小，及时微调水量和添加剂量，控制煤浆浓度、黏度在指标范围内，必要时打开滚筒筛的冲洗水对滚筒筛进行冲洗。

（2）设备巡检　用测温仪对磨煤机的各个轴进行温度测量，发现异常及时汇报处理；对磨煤机的润滑油站的油位、油压、回油的流量等认真巡检；对磨煤机出料槽泵的油箱油位、润滑油泵的油压、出口缓冲器的气压等认真巡检。

二、气化工段的操作控制

（1）控制室人员要经常浏览 DCS 画面，调节各工艺参数在工艺指标范围内。

（2）增（减）负荷严格按照先加煤浆后加氧（先减氧后减煤浆），幅度不能大。且随时联系前后工段。

（3）控制重点是反应温度，在高温热偶失去指示时，参考甲烷及二氧化碳含量、气化炉压差、氧煤比、渣中残碳等指标，综合分析作出判断，及时应对调整。

（4）及时联系分析人员汇报煤浆指标（浓度、黏度、粒度）、合成气气体成分分析、水质分析、灰熔点分析、渣中可燃物分析等项目。并且及时作工况调整。

（5）根据灰水槽的水质分析，判断沉降分离效果，并决定是否向废水回收系统送水。

（6）对粗渣和细渣中的含碳量定期进行分析，判断碳转化率的高低。

（7）根据渣水处理系统工况及时调整水系统，按规定切换阀门。

（8）现场自启动设备检修时，摘除自启动联锁。密切注意运行泵的变化。

（9）控制人员对控制点的变化及时作出正确判断，若属仪表问题。应督促仪表人员检查、检修、消除故障。

（10）控制室人员严格执行调度指令，注意协调上下工序及车间内各岗位之间的生产关系。

（11）严格按照巡回检查的要求对现场的动、静设备的运行状况进行检查。

（12）认真做好现场设备的运行维护工作，及时加油、及时消除跑冒滴漏现象。

任务5
装置正常停车操作

　　化工装置在长周期运行中，可能会出现安全隐患和设备缺陷等问题，一般需做停车处理，对装置的漏洞进行处理，并对系统内其他设备进行常规检查、检修，为装置今后的长周期、安全稳定及经济运行打下坚实的基础，那么，如何安全平稳地进行停车操作呢？

一、煤浆制备工段停车

1. 正常停车

（1）接停车指令后，通知原料煤输送系统停止向煤储斗内供原料煤。

（2）按单体设备操作法停止称量给料机运行，并清理干净煤称量给料机内积存的原料煤。

（3）停止添加剂给料泵运行，停止向磨煤机内供煤浆添加剂。

（4）打开第二级煤浆滚筒筛切断阀前导淋阀，关闭第二级煤浆滚筒筛前切断阀，将煤浆排入磨煤排放池，按下滚筒筛停车按钮，停止滚筒筛运行。

（5）将磨煤机工艺水量适量调大，对磨煤机内煤浆进行冲洗置换。

（6）打开入滚筒筛处冲洗水截止阀，开冲洗水对滚筒筛进行冲洗至筛网干净时止。

（7）当磨煤机出料口中煤浆含量较低时，停止向磨煤机内加工艺水。

（8）当磨煤机出料口处无物料溢出时且磨煤机出口槽液位在 0.5m 以下时，按下磨煤机停车按钮，停止磨煤机运转。

（9）当磨煤机出口槽内液位降至 0.5m 以下时，打开磨煤机出口槽冲洗水阀，向槽内加水对磨煤机出口槽进行冲洗。

（10）出口槽冲洗约 15min 后，停止向槽内加水。

（11）当出料槽内液位降至 0.5m 以下时，按单体设备操作法停止低压煤浆泵运行，并停止磨煤机出口槽搅拌器，关闭磨煤机出口槽下部放料阀，打开低压煤浆泵入口管线冲洗水阀，对低压煤浆泵及进出口管线进行冲洗，冲洗干净后关闭冲洗水阀。

（12）打开煤浆泵进出口管线导淋阀，排净管内积水。

（13）打开磨煤机出口槽下部排污阀，排净槽内积水。

（14）磨煤机长时间停车时，应定时盘车（一周一次）。

2. 紧急停车

（1）当制浆系统发生意外故障或其他原因须立即停车时，应立即按下停车按钮，停止煤磨机的运转，停掉供煤和供水再做其他处理。

（2）紧急停车除不执行冲洗煤磨机、滚筒筛以外，其余按正常停车步骤执行。

二、气化工段停车

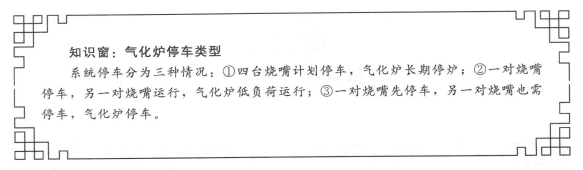

知识窗：气化炉停车类型

系统停车分为三种情况：①四台烧嘴计划停车，气化炉长期停炉；②一对烧嘴停车，另一对烧嘴运行，气化炉低负荷运行；③一对烧嘴先停车，另一对烧嘴也需停车，气化炉停车。

1. 四台烧嘴计划停车，气化炉长期停炉

（1）停车前的准备工作

① 通知调度和前后工序，气化炉准备停车。

② 降低气化炉负荷到 60%，相应减少激冷水量，保持系统水循环的平衡。

③ 提高氧煤比，使气化炉温度比正常操作高 50～100℃，并保持 30min，清除炉壁挂渣。

（2）停车步骤

控制室同时按下"A、B 烧嘴停车"、"C、D 烧嘴停车"按钮，气化炉两对烧嘴停车。

总控确认 ESD 各阀门动作正确：

① 氧气流量调节阀关闭。

② 合成气手动调节阀关闭。

③ 煤浆切断阀全关。

④ 氧气切断阀关闭。

⑤ 氧气切断阀间氮气密封阀打开，密封氮气压力大于 6.0MPa。

⑥ 氧气管线高压氮气吹扫阀打开。

⑦ 煤浆管线高压氮气吹扫阀打开。

⑧ 煤浆管线高压氮气吹扫阀关闭。

⑨ 氧气管线高压氮气吹扫阀关闭。

⑩ 保护烧嘴氮气阀打开。

（3）停车后控制室的操作

① 关闭入工段氧气切断阀，并确认密封氮气阀全开。

② 控制室手动关闭水洗塔合成气背压放空阀，系统保压。

③ 根据煤浆槽液位和气化系统开车计划通知煤浆制备和原料储运系统减负荷或停车。

④ 气化炉液位、激冷水流量调节。

⑤ 联系空分，将空分至气化氧气管线的压力泄至常压。

⑥ 接调度通知：关闭变换高温冷凝液入工段阀，变换高温冷凝液槽液位低时，打开锅炉给水阀，用锅炉给水补充。

⑦ 接调度通知：关闭变换低温冷凝液流量调节阀，现场关闭变换低温冷凝液入口工段阀和流量调节阀前后阀。

⑧ 系统保压，水系统循环 1h。

（4）系统泄压　在保压循环结束后，系统泄压。总控逐渐降低出水洗塔合成气压力调节阀的设定值，对气化炉系统泄压。泄压速率：大于 2.0MPa 时，0.1MPa/min；小于 2.0MPa 时，0.05MPa/min。在气化炉减压时，系统压力必须大于系统水温下的饱和蒸汽压，对应的温度、压力如下：

压力/MPa	3.8	2.8	2.0	1.4	0.9	0.7	0.5	0.3
温度/℃	240	220	200	180	160	140	120	100

系统泄压时，应严格按上述进行泄压操作，密切注意气化炉压力指示，防止泄压速率过快。蒸发热水塔压力低排水困难时，倒通蒸发热水塔氮气置换盲板，用氮气向塔内充压。

（5）黑水切换　当系统压力降至 1.0MPa 时进行黑水切换。

① 气化炉黑水切换：打开气化炉黑水去真空闪蒸罐管线上的球阀，降低气化炉液位。

② 水洗塔、旋风分离器黑水切换：现场打开水洗塔、旋风分离器去澄清槽的阀门，总控调节水洗塔、旋风分离器底部黑水流量，控制好水洗塔、旋风分离器液位。

（6）清洗煤浆管线　按单体设备操作法启动冲洗水泵，打开入煤浆给料框架的冲洗水总阀。现场连接煤浆给料泵入口处冲洗水软管，打开冲洗水阀冲洗煤浆给料泵入口管线和煤浆给料泵出口管线，在地沟处看排水变清时，说明冲洗合格。

（7）系统氮气置换　当系统压力降为常压后，进行系统氮气置换。

① 置换气化炉：倒通低压氮气入氧管线、激冷室上部管线上的"8"字盲板，总控确认置换氮气流量高报后，通知分析人员在水洗塔出口取样分析，$CO+H_2 \leq 0.5\%$ 为置换合格。置换合格后，关闭氮气置换阀门，盲板倒盲。

② 置换旋风分离器、水洗塔：倒通低压氮气入旋风分离器、水洗塔管线上的"8"字盲板，对系统进行氮气置换，在水洗塔出口取样分析，$CO+H_2 \leq 0.5\%$ 为合格。置换合格后，关闭氮气置换阀门，盲板倒盲。

（8）拆除工艺烧嘴，停烧嘴冷却水

① 倒通开工盲板，投用开工抽引器，调节气化炉微负压。吊出工艺烧嘴，放入烧嘴室预制件。将氧管法兰用临时法兰密封，以防杂物进入氧管。用临时法兰密封气化炉四只工艺烧嘴法兰口。

② 烧嘴冷却水系统停车　工艺烧嘴吊出后，解除烧嘴冷却水泵自启动联锁，关闭出水管线上的手动阀，停烧嘴冷却水泵。

（9）锁斗系统、捞渣机停车　气化炉停车后，锁斗应至少运行四个循环，将系统内的灰、渣排出系统。

① 当锁斗程序处于收渣状态时，停锁斗循环泵。总控按"锁斗停车"按钮，停止锁斗逻辑系统。

② 观察捞渣机电流及出渣量，当渣池内无渣后停捞渣机，停渣池搅拌器。

③ 锁斗系统停车后，关闭灰水去低压灰水冷却器的手动阀。

（10）建立预热水循环，停止系统水循环

① 倒通气化炉黑水出口去预热水封槽管线的盲板，气化炉出水进入渣池。

② 停黑水循环泵、高温热水泵、低压灰水泵、密封冲洗水泵、真空泵、脱氧水升压泵。

③ 关闭低压蒸汽入脱氧水槽阀，停用蒸汽。关闭脱盐水入脱氧水槽阀，停用脱盐水。

④ 当真空过滤机出口无滤饼排出时，停澄清槽底流泵、滤液泵、搅拌器。冲洗干净过滤机滤布后，停真空泵。

⑤ 停絮凝剂、稳定剂系统。

2. 一对烧嘴停车，一对烧嘴运行操作

一对烧嘴停车后如果不执行连投，另一对烧嘴短时间运行（不超过 6h），按以下步骤执行（以 A/B 烧嘴停车，C/D 烧嘴运行为例）。

（1）通知调度室和前后工序，气化炉 A/B 烧嘴准备停车。

控制室按下"A/B 烧嘴停车"按钮，A/B 烧嘴停车。

总控确认 ESD 各阀门动作正确：

① 氧气流量调节阀关闭。

② 合成气手动调节阀关闭。

③ 煤浆切断阀全关。

④ 氧气切断阀关闭。

⑤ 氧气切断阀间氮气密封阀打开，密封氮气压力大于 6.0MPa。

⑥ 氧气管线高压氮气吹扫阀打开。

⑦ 煤浆管线高压氮气吹扫阀打开。

⑧ 煤浆管线高压氮气吹扫阀关闭。

⑨ 氧气管线高压氮气吹扫阀关闭。

⑩ 保护烧嘴氮气阀打开。

（2）A/B 烧嘴停车后控制室的操作。

① 调整 C/D 烧嘴的氧气和煤浆流量，防止过氧。

② 适当调整 C/D 烧嘴的负荷。

③ 适当减少激冷水流量，维持水平衡。

（3）参照气化炉长期停炉，冲洗煤浆管线。

3. 一对烧嘴先停车，另一对烧嘴停车操作

如果一对烧嘴已经停车，另一对烧嘴需停车，应按照以下步骤执行：

（1）确认先停车的一对烧嘴已经做完工艺处理。

（2）提高运行烧嘴氧煤比，提高气化炉温度，提温操作应大于 30min。

（3）通知调度室和前后工序，气化炉准备停炉。

（4）控制室逐渐将合成气从火炬放空。

（5）控制室按下第二对需停车烧嘴的停车按钮，气化炉停车。

参照气化炉长期停炉的停车步骤进行操作和处理。

任务6
气化系统事故处理

事故的发生有的是偶发的，有的是可以预见的，对于国内外同类化工生产装置普遍发生的事故类型，主要是由设计缺陷、安装缺陷或设备选型等方面引起的，我们应当认真总结，避免同类事故的发生。对于这些可能的事故类型，应当预先制定处理方案，加强学习，组织演练，一旦事故发生，操作人员可以及时正确应对。

知识窗：事故处理原则

事故处理原则是按照消除、预防、减弱、隔离、警告的顺序进行控制。当发生危险、危害事故时，要坚持先救人后救物，先重点后一般，先控制后消灭的总原则灵活果断处置，防止事故扩大。

一、煤浆制备工段常见故障及处理办法

煤浆储备工段常见故障及处理办法见表7-5。

表 7-5 煤浆制备工段常见故障及处理办法

序号	现象	原因	处理方法
1	煤浆粒度变大	1. 加煤量太多 2. 钢棒磨损严重 3. 煤质发生变化	1. 减少给煤量 2. 适量增加 $\phi75$ 钢棒 3. 减少给煤量，增加研磨时间
2	煤浆粒度变小	1. 给煤量太少 2. 煤的可磨指数变大	1. 增加给煤量 2. 联系原料，稳定煤质
3	煤浆黏度增大	1. 添加剂用量减少 2. 煤浆粒度变小 3. 浓度过高	1. 增加添加剂用量 2. 检查原因，作相应调整 3. 降低浓度
4	煤浆浓度高	1. 给煤量变大 2. 给水量变小 3. 煤或水计量不准	1. 减少给煤量 2. 增加给水量 3. 通知仪表查原因、校表
5	煤架桥	煤太湿，表面水含量高	降低煤仓料位，敲击煤仓或拆开手孔清理堵煤
6	大颗粒带浆	1. 添加剂用量少 2. 滚筒筛堵塞 3. 煤质变化	1. 增加添加剂用量 2. 打开滚筒筛冲洗水冲洗 3. 查找煤质变化原因

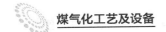

续表

序号	现象	原因	处理方法
7	煤浆管道堵塞	1. 管内物料静止时间太长 2. 管内进入较大杂物 3. 管件损坏	1. 用冲洗水冲洗 2. 用冲洗水冲洗,如不通拆下管道疏通 3. 更换管件
8	磨煤机出料槽泵出口超压	1. 管道有堵塞 2. 出口阀未开	1. 疏通管道 2. 打开出口阀
9	冲洗水压力低	1. 阀门或管道泄漏 2. 有未关的阀门	1. 修复或更换阀门,补焊管道 2. 查找并关闭阀门
10	磨机轴瓦温度高	1. 供油量少 2. 冷却水温度高或流量低 3. 轴及轴瓦配合不协调	1. 加大供油量 2. 降低循环水温度,增大循环冷却水量 3. 停车查找原因,或更换轴瓦

二、气化系统断电

断电后,现场机泵全部停止运行,控制室依靠 UPS 供电,可维持半小时以上的操作。

1. 控制室操作

(1) 关闭氧气入工段总阀,确认关闭到位。

(2) 关闭高温热水泵入水洗塔的调节阀、水洗塔上部灰水加水阀和中部加水阀。严禁打开黑水循环泵入口停车补水阀。

(3) 关闭高温变换冷凝液泵入水洗塔调节阀。

(4) 关闭气化炉黑水流量调节阀,防止高压串低压。

(5) 关闭旋风分离器黑水出口流量调节阀和水洗塔黑水出口流量调节阀,防止高压串低压。

(6) 关闭蒸发热水塔液位调节阀。

(7) 严禁用各种方法泄压,联系现场确认出工段阀门关闭到位。

(8) 确认事故烧嘴冷却水槽投用,试启用烧嘴冷却水泵。

(9) 确认系统中高压与低压间可靠隔离,防止有任何介质流动。

(10) 锁斗系统停车。

以上工作应在 UPS 供电及仪表气源压力下降前尽快完成。

2. 现场操作

(1) 迅速关闭高温热水泵的出口阀。

(2) 迅速关闭密封水泵出口阀。

(3) 迅速关闭高温变换冷凝液泵的出口阀。

(4) 关闭煤浆泵入口放料阀,打开出口导淋阀,煤浆管线排空。

(5) 关闭磨煤机出料槽泵入口放料阀,打开出口导淋阀,煤浆管线排空。

三、气化系统断仪表空气

仪表空气意外中断后,气化界区内的调节阀、程控阀失气,不能调节。大部分阀门会自动关闭,但有的阀门是不能被关闭的,否则会造成严重的后果。

气化系统仪表空气中断后,应紧急执行以下操作:

(1) 磨煤机出料槽泵断仪表空气后,煤浆制备系统紧急停车。

(2) 仪表空气中断后,气化炉系统做紧急停车处理。

（3）现场操作人员控制好激冷室液位。

（4）现场所有泵除烧嘴冷却水泵外，全部按规程停止运行。破渣机、搅拌器不能停止。

（5）总控确认程控阀、调节阀在正确位置，如有异常，联系现场人员关闭相应的手动阀，严禁高压串低压。

四、气化系统断水

气化系统的一次水主要用于给脱氧槽补水，给灰水槽、滤液受槽、渣池补水，另外还有磨煤机滚筒筛的冲洗用水及真空带式过滤机的冲洗滤布用水。一次水中断后，灰水槽、滤液受槽、渣池短时间可以不补水，滚筒筛、滤布也可以不冲洗。

（1）一次水中断后，停止一次水增压泵。

（2）停止脱氧水增压泵的运行。

（3）总控增大蒸发热水塔的低压灰水量，必要时可启动低压灰水泵备用泵，要保证高温热水罐的液位。

（4）班长联系调度尽快恢复一次水的供应，一次水恢复供应后，立即启动增压泵，启动脱氧水升压泵，恢复正常操作。

五、气化系统断脱盐水

气化系统用脱盐水的设备有气化炉液位计冲洗、水洗塔液位计冲洗、旋风分离器液位计冲洗、烧嘴冷却水系统、蒸发热水塔液位计冲洗、真空闪蒸罐液位计冲洗、真空闪蒸罐液位计冲洗、真空泵以及絮凝剂的配制。

（1）真空泵用水立即切换为一次水运行。

（2）现场关闭脱盐水去渣水处理框架总阀，防止压力回倒。

六、气化系统断烘炉蒸汽

烘炉期间蒸汽中断后，立即切断燃料气，停止烘炉。

七、气化系统断循环冷却水

（1）如果磨煤机主轴承温度上升很快，磨煤机应紧急停车。

（2）事故氮压缩机运行时，立即按规程停车。

（3）换热器断循环水后，总控密切监控烧嘴冷却水的温度。

（4）运行泵断循环水后短时间可以运行，但要注意测轴承温度，如果温度超过80℃，要紧急停车。

八、气化系统断密封水

气化系统用密封水的设备有：锁斗循环泵、渣池泵、黑水循环泵、高温热水泵、脱氧水增压泵、低压灰水泵、破渣机、气化炉液位计、旋风分离器液位计、混合器压差计、水洗塔液位计等。

（1）密封水中断后流量计、液位计的冲洗短时间还可以运行，但是要关闭冲洗水阀，防止压力回倒。

（2）运转设备的机械密封会被损坏，液体大量外漏，所以密封水中断后，运转设备需要停车。

（3）气化系统做紧急停车处理。

九、气化炉一对烧嘴跳车后带压连投操作（以 A/B 烧嘴跳车为例）

（1）通知调度，气化炉一对烧嘴跳车，控制室及时调节运行烧嘴的氧气流量，防止气化炉过氧，控制室确认 ESD 阀门动作正确。

（2）控制室关闭 A、B 烧嘴入工段氧气总阀，确认氧管线密封氮气压力大于 6.0MPa。

（3）气化炉压力降至 3.0MPa，负荷按压力负荷对照表执行，稳定气化炉炉温，注意监控炉壁温度正常。

（4）调节系统水循环量为正常流量的 80%。

（5）现场关闭跳车煤浆泵的入口阀，冲洗煤浆管线。

（6）确认高压氮气压力大于 10.0MPa，A、B 烧嘴的小流量氮气保护流量正常。

（7）确认待连投的工艺烧嘴系统正常。

（8）跳车原因明确，故障处理完毕，通知调度气化炉带压连投，建立煤浆、氧气开工流量。

（9）气化炉出口合成气压力联锁置为旁路，气化炉安全系统在 3.0MPa 压力下复位，控制室按下"A、B 烧嘴初始化"按钮，按下"煤浆泵允许启动"按钮。

（10）联系现场启动煤浆给料泵清水循环，运行正常后切为煤浆运行，控制室调节煤浆泵转速，稳定煤浆流量。渐关煤浆循环阀后调节阀，使煤浆管线压力比气化炉压力高 0.8MPa，即煤浆管线压力控制在 3.8MPa。

（11）联系调度气化炉供应氧气，中控打开氧气入工段总阀。

（12）控制室人员手动打开氧气流量调节阀，缓慢调节氧气流量。

（13）控制室人员按下"A、B 烧嘴高压氮气吹扫复位"按钮。

（14）通知调度，气化炉带压连投。

（15）控制室人员按下"A、B 烧嘴启动"按钮，确认阀门动作正确，密切关注合成气流量和系统压力。合成气背压放空阀手动操作，专人负责系统压力，压力高时手动放空。

（16）在较短的时间内将连投烧嘴的负荷提高到和压力相匹配。

（17）调节系统水循环量，逐渐提高系统压力至正常。

参 考 文 献

［1］ 贺永德. 现代煤气化技术手册. 北京：化学工业出版社，2014.

［2］ 孙鸿，张子峰，黄健. 煤化工工艺学. 北京：化学工业出版社，2012.

［3］ 许世森，张东亮等. 大规模煤气化技术. 北京：化学工业出版社，2006.

［4］ 郭树才，胡浩权. 煤化工工艺学. 第 3 版. 北京：化学工业出版社，2012.

［5］ 陈启文. 煤化工工艺. 北京：化学工业出版社，2008.

［6］ 郭树才. 煤化工工艺学. 北京：化学工业出版社，2003.

［7］ 赵育祥. 合成氨生产工艺. 北京：化学工业出版社，1998.

［8］ 许祥静. 煤气化生产技术. 第 2 版. 北京：化学工业出版社，2010.

［9］ 许祥静，刘军. 煤炭气化工艺. 北京：化学工业出版社，2005.

［10］ 林玉波. 合成氨生产工艺. 北京：化学工业出版社，2006.

［11］ 程桂花. 合成氨. 北京：化学工业出版社，1998.

［12］ 郭崇涛. 煤化学. 北京：化学工业出版社，2003.

［13］ 许祥静. 煤气化生产技术. 北京：化学工业出版社，2010.

［14］ 崔世玉. 化工生产技术. 北京：中国劳动社会保障出版社，2012.

［15］ 韩文光. 化工装置实用操作技术指南. 北京：化学工业出版社，2001.

［16］ 于光元，李亚东. 煤气化工艺技术分析. 洁净煤技术，2005.

［17］ 张方. 我国化学工业原料结构调整的趋势与对策. 化学技术经济，2006.

［18］ 杨伏生. 煤化工梯级多联产新材料技术. 现代化工，2006，9.

［19］ 吴枫，闫文艳. 用组合气化炉发展现代煤化工的建议. 现代化工，2005，5.